计算机教学理论与实践研究

艾 伯 ◎ 著

吉林出版集团股份有限公司

图书在版编目（CIP）数据

计算机教学理论与实践研究 / 艾伯著. — 长春：吉林出版集团股份有限公司，2024.4
ISBN 978-7-5731-4826-1

Ⅰ.①计… Ⅱ.①艾… Ⅲ.①电子计算机—教学研究 Ⅳ.①TP3-42

中国国家版本馆 CIP 数据核字（2024）第 081645 号

计算机教学理论与实践研究
JISUANJI JIAOXUE LILUN YU SHIJIAN YANJIU

著　　者	艾　伯
责任编辑	滕　林
封面设计	林　吉
开　　本	710mm×1000mm　　1/16
字　　数	161 千
印　　张	13.5
版　　次	2024 年 4 月第 1 版
印　　次	2024 年 4 月第 1 次印刷
出版发行	吉林出版集团股份有限公司
电　　话	总编办：010-63109269
	发行部：010-63109269
印　　刷	廊坊市广阳区九洲印刷厂

ISBN 978-7-5731-4826-1　　　　　　　　　　　　定价：78.00 元

版权所有　侵权必究

前 言

在信息化时代,计算机技术已然成为推动社会进步、经济发展的重要引擎。作为培养未来社会栋梁的教育事业,计算机教学理论与实践的研究显得尤为关键。它不仅关乎学生个人技能的提升,更对国家整体科技创新能力和国际竞争力产生深远影响。因此,本书旨在深入探讨计算机教学的理论与实践,以期为提升计算机教育质量提供有益的参考。

计算机教学理论是指导教学实践的基石。随着信息技术的飞速发展,计算机教学的理论体系也在不断丰富和完善。从最初的计算机基础知识传授,到后来的编程思维培养,再到现在的信息素养提升,计算机教学理论不断与时俱进,逐步形成了多元化的教学模式和方法。这些理论成果不仅为教学实践提供了科学的指导,也为培养学生的计算思维、创新能力和实践能力奠定了坚实的基础。

然而,仅有理论是不够的。计算机教学实践是将理论转化为实际教学效果的关键环节。在实践中,我们需要根据学生的实际情况和教学目标,灵活运用各种教学方法和手段,确保教学质量和效果。同时,我们还需要关注教学实践中的问题和挑战,如教学资源的不均衡、学生个体差异的处理、教学方法的创新等,并积极寻求解决方案,不断优化教学模式。

在计算机教学实践中,我们还需要注重培养学生的实际操作能力和解决问题的能力。计算机学科具有很强的实践性和应用性,因此,通过项目式学习、案例分析等方式,让学生在实践中学习和掌握计算机知识,是提升教学效果的有效途径。此外，我们还需要加强与其他学科的交叉融合，拓展计算机教学的应用领域，以更好地服务于社会发展和人才培养。

艾伯

2024 年 1 月

目 录

第一章 计算机教学概述 ……………………………………………………1
第一节 计算机的概念、教学目的和方法 ………………………………1
第二节 计算机在教学中的应用分析 ……………………………………9

第二章 计算机教学改革 ……………………………………………………22
第一节 计算机教学改革的必要性 ………………………………………22
第二节 计算机教学改革的具体内容 ……………………………………32
第三节 计算机教学改革的途径 …………………………………………36

第三章 基于计算思维的教学体系构建 ……………………………………42
第一节 计算思维概述 ……………………………………………………43
第二节 以计算思维能力培养为核心的计算机理论教学体系 …………50
第三节 以计算思维能力培养为核心的计算机实验教学体系 …………60
第四节 理论教学与实验教学协调优化 …………………………………68

第四章 计算机教学中实施理论与实践一体化的教学模式 ………………77
第一节 建立以视频室为主战场的理论与实践一体化教学模式 ………77
第二节 建立以任务驱动为载体的理论与实践一体化教学模式 ………84
第三节 计算机实训理论与实践一体化教学模式的改革和构建 ………87
第四节 计算机网络实验室实践功能 ……………………………………93

第五章 建立以多媒体技术为教学环境的教学模式 …… 99

第一节 多媒体技术及广泛使用的意义 …… 99

第二节 多媒体技术对计算机教学的影响 …… 107

第三节 基于多媒体技术的计算机教学模式 …… 115

第六章 建立以就业为导向的计算机教学模式 …… 132

第一节 大学生职业素养和职业自我认知现状分析 …… 132

第二节 以就业为导向的计算机教学的改革 …… 143

第三节 以就业为导向的计算机教学模式的构建 …… 146

第七章 建立基于慕课的混合学习模式 …… 164

第一节 基于慕课的混合学习模式设计 …… 164

第二节 基于慕课的翻转课堂教学模式的构建 …… 179

参考文献 …… 208

第一章　计算机教学概述

第一节　计算机的概念、教学目的和方法

一、计算机的基本概念

1. 什么是计算机

在人类历史上，计算工具的发明和创造走过了漫长的道路。在原始社会，人们曾使用绳结、垒石或枝条作为计数和计算的工具。我国在春秋战国时期就出现了筹算法，到了唐朝已经有了至今仍在使用的计算工具——算盘。欧洲16世纪出现了对数计算尺和机械计算机。现代电子计算机出现之前，人工手算一直是主要的计算方法，算盘、对数计算尺、手摇或电动的机械计算机是人们使用的主要计算工具。到了20世纪40年代，一方面由于近代科学技术的发展对计算数量、计算精度、计算速度的要求不断提高，原有的计算工具已经满足不了人们的需要；另一方面，计算理论、电子学以及自动控制技术的发展，也为现代电子计算机的出现提供了可能，于是，在20世纪40年代中期诞生了第一台电子计算机。

对于计算机（Computer），人们从不同角度进行了描述："计算机是一种可以自动进行信息处理的工具""计算机是一种能快速而高效地自动完成信息处理的电子设备""计算机是一种能够高速运算、具有内部存储

能力、由程序控制其操作过程的电子装置",等等。

1946年2月,正式交付使用的、由美国宾夕法尼亚大学研制的ENIAC(Electronic Numerical Integrator And Calculator,即电子积分计算机)标志着第一台电子计算机的诞生。它是为了解决武器弹道问题中的许多复杂计算而研制的。它采用电子管作为基本元件,由18000多个电子管、1500多个继电器、10000多只电容器和7000多只电阻构成,占地170平方米,重30吨,每小时耗电30万千瓦,是一个庞然大物,每秒能进行5000次加法运算。由于它使用电子器件来代替机械齿轮或电动机械进行运算,并且能在运算过程中不断进行判断,做出选择,过去需要100多名工程师花费一年才能解决的计算问题,它只需要两个小时就能给出答案。

2. 计算机的特点

计算机不同于以往任何计算工具,其主要特点如下:

(1)在处理对象上,它已不再局限于数值信息,而是可以处理包括数字、文字、符号、图形、图像乃至声音等一切可以用数字加以表示的信息。

(2)在处理内容上,它不仅能做数值计算,也能对各种信息做非数值处理,例如进行信息检索、图形处理;不仅可以做加、减、乘、除算术运算,也可以做是非逻辑判断。

(3)在处理方式上,只要人们把处理的对象和处理问题的方法步骤以计算机可以识别和执行的"语言"事先存储到计算机中,它就可以自动对这些数据进行处理。

(4)在处理速度上,它运算高速。目前,一般计算机的处理速度都可以达到每秒百万次的运算,巨型计算机可以达到每秒近千亿次运算。

(5)它可以存储大量数据。一般微型计算机可以存储上亿个数据。

计算机存储的数据量越大，可以记住的信息量也就越大。当需要一些信息时，计算机可以从浩如烟海的数据中找到这些信息，这也是计算机能够进行自动处理的原因之一。

（6）多台计算机借助通信网络，可以超越地理界线，互发电子邮件，进行网上通讯，共享远程信息和资源。

计算机具有超强的记忆能力、高速的处理能力、很高的计算精度和可靠的判断能力。人们进行的任何复杂的脑力劳动，如果可以分解成计算机可以执行的基本操作，并以计算机可以识别的形式表示出来，存放到计算机中，计算机就可以模仿人的一部分思维活动，代替人的部分脑力劳动，按照人们的意愿自动工作，所以人们也把计算机称为"电脑"，以强调计算机在功能上和人脑有许多相似之处，例如人脑的记忆功能、计算功能、判断功能。但电脑终究不是人脑，它也不可能完全代替人脑。尽管电脑在很多方面远远比不上人脑，但它也有超越人脑的许多性能，人脑与电脑在许多方面有着互补作用。

3. 计算机的发展历程

根据计算机所采用的物理器件，一般把计算机的发展历程分为四个阶段。

第一代计算机是采用电子管作为基本器件，用阴极射线管或汞延迟线做主存储器，输入、输出主要使用纸带、卡片等，程序设计主要使用机器指令或符号指令，应用领域主要是科学计算。

第二代计算机用晶体管代替了电子管，主存储器则采用了磁芯存储器，磁盘成为主要的外存储器，程序设计使用了更接近于人类自然语言的高级程序设计语言，应用领域也从科学计算扩展到了数据处理、工程设计等多个方面。

第三代计算机用中小规模的集成电路代替了晶体管，半导体存储器逐步取代了磁芯存储器的主存储器地位，磁盘成了不可缺少的辅助存储器，计算机的管理、使用方式也由手工操作完全改变为自动管理，使计算机的使用效率显著提高。

第四代计算机采用大规模和超大规模集成电路。20世纪70年代以后，计算机使用的集成电路迅速从中小规模发展到大规模、超大规模的水平，大规模、超大规模集成电路应用的一个直接结果是微处理器和微型计算机的诞生。微处理器是将传统的运算器和控制器集成在一块大规模或超大规模集成电路芯片上，作为中央处理单元。以微处理器为核心，再加上存储器和接口等芯片以及输入、输出设备便构成了微型计算机。微处理器自1971年诞生以来，几乎每隔两三年就要更新换代一次，以高档微处理器为核心构成的高档微型计算机系统已达到和超过了传统超级小型计算机水平，其运算速度可以达到每秒数亿次。由于微型计算机体积小、功耗低、成本低，其性能价格比占有很大优势，因而得到了广泛应用。微处理器和微型计算机的出现不仅深刻地影响着计算机技术的发展，同时也使计算机技术渗透到了社会生活的各个方面，极大地推动了计算机的普及。随着微电子、计算机和数字化声像技术的发展，多媒体技术也得到了迅速发展。在20世纪80年代以前，人们使用计算机处理的主要是文字信息，80年代开始用于处理图形和图像信息。数字化音频和视频技术的发展形成了集声、文、图、像一体化的多媒体计算机系统，它不仅使计算机应用更接近人类习惯的信息交流方式，而且开拓出许多新的应用领域。计算机与通信技术的结合使计算机应用从单机走向网络，由独立网络走向互联网络。

由于技术的更新和应用的推动，计算机一直处在飞速发展之中。集处理文字、图形、图像、声音为一体的多媒体计算机的发展方兴未艾，各国都在计划建设自己的"信息高速公路"。通过各种通信渠道，包括有线网和无线网，把各种计算机互联起来，已经实现了信息在全球范围内的传递。用计算机来模仿人的智能，包括听觉、视觉和触觉以及自主学习和推理能力是当前计算机科学研究的一个重要方向。与此同时，计算机体系结构将会突破冯·诺依曼提出的原理，实现高度的并行处理。为了解决软件发展方面出现的复杂程度高、研制周期长和正确性难以保证的"危机"，软件工程也出现了新的突破。新一代计算机的发展将与人工智能、知识工程和专家系统等研究紧密相连，并为其发展提供新的基础。

4.计算机与教学

进入21世纪，人们的工作、学习和生活越来越离不开计算机，计算机的运用得到普及，计算机技能也成为现今各行各业人员所必备的基本技能。计算机正潜移默化地改变着人们获取信息的方式，无限扩大了人们生活的空间。作为21世纪的公民，掌握这一基本技能，使之更好地为我们的工作、学习和生活服务，已经成为时代对我们的必然要求。

（1）计算机教学已成为我国基础教育的重要组成部分

计算机的广泛应用，使计算机技能成了现代人更好生存的重要工具，也使计算机教学成为我国基础教育的重要组成部分。调查显示，截至2017年，中国互联网普及率已达到54.3%，在线教育的用户规模已达到1.44亿，其中手机在线教育用户规模为1.20亿，增长率为22.4%。计算机在我国已经实现了普及，不管是生活中、学习中、工作中我们都会接触到计算机。计算机以其便利性和智能性使得人们从繁重的统计、计算、控制等工作中解放出来，至今计算机的应用已渗透到国民经济各个部门及社会生活的各个方面，并不断地被赋予时代的新含义。

现代计算机除了传统的应用外，还广泛地应用于以下几个方面：办公自动化、管理信息化、人工智能、电子商务、网络浏览和交流、多媒体教学以及电子游戏等，可以说生活无处没有电脑。随着计算机知识在各个领域的渗透，人们已经清楚地认识到掌握一定计算机知识的重要性和紧迫性，计算机作为一门基础性的应用课程已经进入各个教育阶段。20世纪70年代末、80年代初迎来我国计算机普及教育第一次高潮，计算机走出了专家面孔，以其巨大的魅力迅速地征服着之后的每一代人。90年代初，我国掀起了第二次计算机普及高潮，应用计算机的能力成为人们求职的重要条件，我国在计算机应用领域缩小了和发达国家的差距。21世纪之初，我国出现第三次计算机普及高潮。这次高潮普及的对象是一切学知识的人。如今，计算机基本技能作为教学内容已经被写进中小学的课程标准里面，如教育部发布的《中小学信息技术课程标准》中就指出该课程的主要任务是："培养学生对信息技术的兴趣和意识，让学生了解和掌握信息技术基本知识和技能，了解信息技术的发展及其应用对人类日常生活和科学技术的深刻影响。通过信息技术课程使学生具有获取信息、传输信息、处理信息和应用信息的能力……培养学生良好的信息素养，把信息技术作为支持终身学习和合作学习的手段，为适应信息社会的学习、工作和生活打下必要的基础。"

可见，我国已确立了从孩子抓起的计算机教育模式。大学更是开设了公共计算机必修课，进一步培养大学生的计算机应用能力，使之适应当代社会的需求。同时社会上各种计算机能力资格认证以及培训，都强有力地印证了计算机应用能力已成为现代社会生存的必要技能。

（2）我国计算机教学适应时代与社会的要求

我国的计算机教育包括学校教育和职业培训两个方面。

学校教育包括中小学教育、大学教育两个阶段。结合学生的不同阶段，教育部制定了与之相适应的教学标准。值得注意的是，我国现在仍处于社会主义初级阶段，这一基本国情决定了我国计算机中小学教育受到相当多的制约。中学的计算机教育不同于其他课程的教育，其中最为突出的一点是对硬件设施有较高的要求，购置计算机、机房建设等必须有较大的资金投入。我国地域发展不平衡，各地应根据自身发展状况制定不同的计算机教学标准。由于大学生对自身已有了一定的定位，绝大多数大学生又对信息极其渴求，故而形成了良好的学习氛围，他们更能积极主动地参与到教学中去，并且展开自主学习。因此，大学的计算机教育应结合大学生计算机水平的不同程度，开设不同的计算机教育课程，根据具体情况还可开设学生感兴趣的各类计算机选修课。

职业培训中的计算机教育尤为重要。由于现代计算机迅速渗透到社会的各行各业，管理信息化、人工智能、电子商务、多媒体教学等都需要系统的与之相关的计算机知识。计算机的使用是科技进步的代表，例如，各个单位、各个企业都会建立资料全面、检索便捷的信息系统，因此掌握管理信息化的基本技术是非常必要的。又如计算机改变了教育的方式，为学生提供了更为形象、具体、生动、直观的学习体验，而这一基本技能是教师职业培训的基本要求。

综上所述，计算机教学已成为我国基础教育的重要组成部分，但与发达国家相比还存在着较大的差距,尤其是农村计算机教育更为落后,可见我国计算机教育任重道远。

二、计算机的教学目的与方法

1. 计算机的教学目的

"计算机基础"作为一门公共基础课,涉及的学生人数多、专业面广、影响大。该课程属于课时较多、量大面广的通识课程。教育部早在1994年就为高等学校非计算机专业的计算机基础教育制定了明确目标,为了使学生具备21世纪需要的科学素养和基本技能,提出了计算机文化基础、计算机技术基础和计算机基础三个层次的教学体系。由于学生对该门课程的学习掌握程度直接影响着其对后续计算机课程和专业课程的学习,所以在全国各类高等院校中,该门课程普遍受到重视。该课程的设置及教学内容的选择以普及计算机技术和应用为主,通过理论教学和实践教学,培养学生对以计算机技术、多媒体技术和网络技术为核心的信息技术的兴趣,建立计算机应用意识,形成良好的信息技术道德,掌握计算机基础知识及常用办公集成软件、互联网的基本操作与使用方法,能够正确地选择和使用典型的系统软件和应用软件,同时兼顾计算机应用领域的前沿知识,并在综合思维能力、综合表达能力及综合设计能力方面,为后续专业课程的学习奠定一定的基础。

2. 计算机的教学方法

计算机是一门新鲜的课程,因此计算机的教学与传统的语文、数学教学之间必然存在很多不一样的地方,许多传统的教学方法对其他学科也许有效,但对于计算机可能就无效。因为计算机学科没有太多定性的东西,无论是硬件还是软件可以说都是日新月异的。针对知识更新如此频繁的一门学科，肯定不能照搬以往的教学方法。

也因为计算机发展太快了，所以计算机的教学不仅要让学生掌握知识、应用知识，更重要的是要让他们学会自学，如果计算机的教学只是教师示范、学生跟着模仿，就只能培养出学生的模仿能力，而无法培养出学习能力。而积极主动的探索式学习较之被动的模仿性学习更能激发学生的学习兴趣，尤其是当学生不断地体验成功时，这种兴趣将得到进一步的强化。

这种教学方法叫作"目标范例教学法"，其特点是首先让学生了解新的学习内容所要解决的问题，同时给学生若干解决问题的提示，让学生通过讨论探索得出解决问题的途径。有时也可展示解决问题的结果，让学生明确探索方向。在学生遇到学习障碍迟滞不前时，给予适当的提示。

第二节　计算机在教学中的应用分析

一、计算机教学的有效性

计算机作为信息时代的主要载体，其基本技能在日常生活和工作中占据了极其重要的地位。计算机教学的有效性不是看课上得如何漂亮，而是要衡量学生学到什么、知识有无增长、能力有无提高、求知的主动性和积极性如何，要看教学是否挖掘了学生潜能、提高了学生素质以及利用计算机解决实际问题的能力等。因此，教什么必须放到课堂教学的第一位来考虑。

1. 教学条件改善

以前大多数学校的计算机教学条件简陋，不少学校的计算机课形同虚设，往往是在教室里用粉笔代替计算机进行讲解，然后才让学生去机房练习，计算机教学中的"讲练结合"特征无法表现出来，这对于实践性强的教学内容等于是纸上谈兵。即便老师有扎实的基本功，讲得再精通，一节课讲上45分钟，也很难保证所有的学生都能认真听讲。有些教学内容太抽象，用语言是无法描述清楚的，久而久之，就会有一部分学生分散注意力，等到去机房练习的时候，又将老师所教的内容都忘光了，这样的教学效果可想而知。现在大多数学校的计算机课实行"机房化"，所有的学生都能清楚地看到老师讲解和操作的过程，不会能及时补救，学生的操作技能明显提高。高校计算机教学以实用为主，实践性非常强，要求学生在练中学、在学中练，这就要求学校要增加机房，让学生能直接在机房里上课，不会的问题能及时发现，不懂的问题及时消化。

2. 提高教学效果

教学活动实际上是师生间的双边活动，在教学中要充分发挥学生的主体作用和教师的主导作用。优化课堂教学手段、调动学生情绪，是组织好课堂教学最重要的因素。计算机教学本来就是一个寓教于乐的活动过程，培养学生的兴趣只是一个起点。如何保持学生的兴趣，是个漫长的过程。我们应针对教材的特点，精心设计教学过程，充分考虑各个教学环节，把知识性和趣味性融合在一起，从而有效地调动学生学习的积极性。如在讲FLASH动画时，学生分不清逐帧动画、渐变动画、遮罩动画，按书中的内容按部就班讲解时，学生的学习兴趣非常低。这时可以创设一种情境，如让学生先观看一个关于春天景色的动画，然后鼓励学生从范例切入，一点一点学习，在制作动画的过程中，学生就能感觉到成就感，学习兴趣马上就激发起来，课堂气氛也因此变得相当活跃。在教学中创设情境，然后引导学生带着问题去学习，这样可以提高教学效果。

3. 创新能力的培养

在平时考试时，对于一些实践性强的课程，主要以创作作品来考查学生的创作或创新能力。考完以后展示学生的作品，并让学生评论作品的优缺点，这样既没有限制学生的思维和创作能力，也让学生"互通有无"。教师不能依赖课本单一教学，而是要让学生学习操作技能的同时发挥主观能动性，联系实际提高创新能力。比如让学生用所学软件制作一个电子相册，或者MTV（Music Television）等。通过制作作品，让学生掌握知识点，逐步提高学生的实际应用能力。

4. 学习兴趣的培养

教学的目的是培养学生浓厚的学习兴趣，增强学习信心，磨练学习意志，养成良好的学习习惯。为此，教师课堂上和学生的谈话应和蔼可亲，学生回答问题时，答对的，教师应给予肯定、鼓励和表扬，使学生感到愉快、有信心；答错或不会的，要启发、引导学生，诚恳相助，使学生在欢快、轻松的气氛中学习，切忌训斥、讽刺、挖苦学生，这会伤害学生的自尊心、自信心和求知欲。最后，让学生充满信心，对自己在上机过程中发现的新功能或好的操作方法，能及时反馈老师，让学生自己当老师，教老师、教同学，大家一起学习、交流。在互相教、互相学的教学氛围里学习，学生的学习兴趣会大大提高。因此，在教学过程中师生关系和谐融洽，教学氛围轻松、愉快，是激发和保护学生学习兴趣的关键。总之，计算机教学是个特殊的过程，计算机教师的素质至关重要。如果计算机教师能重视自身素质的提高并充分发挥其作用，那么师生的教学双边活动都将是愉快的、积极的，学生获取知识也是最佳的。在计算机教学过程中，围绕教学大纲创设良好的教学氛围，让学生全面发展，随时激发学生学习计算机的兴趣，使他们长久保持学习兴趣，才能收到良好的教学效果。

二、计算机在教学中的应用

1. 教育教学过程是特殊的信息传输与处理过程

从信息论的角度看，人的研究活动、学习活动以及教学过程，都是特殊的信息传输与处理过程。

所谓研究，首先是根据课题的需要从外界收集信息，或者从大量信息中发现和提出课题。其次是信息处理，包括对信息的筛选、取样，通过信息的比较建立概念，在对信息整理分析的基础上，建立经验公式，提出假说以至带有普遍性的理论等。这些都属于不同层次的信息处理。

教师在教学过程中起什么作用，历来有不同的论述。我国古代有"传道、授业、解惑"的提法。从信息论的角度看，所谓"道"，是指人的行为准则，不同历史阶段的"道"，其内涵虽有不同，但作为行为准则却都是储存在大脑中的信息。每当人们考虑做某件事情时，都要与这种信息加以比较决定取舍。所谓"业"，其内涵也随历史阶段不同而不同，但其共性却都是指知识与能力。"传"与"授"显然是信息的传输。所谓"惑"，是受教育者的反馈，"解惑"则是采取补救措施，是一个双向的信息传输过程。

不论是建立行为准则、传授知识还是培养能力，用自然科学的语言讲就是教给学生什么。它不是给物质，也不是给能量，而是给学生以信息。信息要有载体，信息的传输要依靠物质，依靠物质的一定的运动形式。例如，通过书籍、文字、图片、声波、光波，而学生所获得的、在大脑中储存的却不是书籍、声波和光波这些载体，而是这些载体所带来的信息。知识就是大脑中储存的有用信息。信息的储存总是以载体的不同状态为基础。外储设备如古代在绳子上打结、竹板上刻痕，后来在纸上写字、磁带上磁粉排列的差异、门电路的导通状态与截止状态等。人的大脑储存信息时也会有物质结构和状态的差异。信息储存之后会由于各种原因而丢失，表现为有序的差异变为无序的差异或者变为没有差异。人脑特殊功能的表现之一是，明白了的、理解了的信息就容易储存，否则就难以储存，即使暂时储存了的也容易丢失。这是储存与处理的联系。大量孤立的信息表现为初级记忆，载体的变化小，半衰期比较短；通过比较、整理、同化形成信息块，载体的变化层次深，表现为高级记忆。双向传输，交互式的"解惑"、讨论，有助于形成高级记忆。

近代教学论把培养能力放在比获得知识更为重要的位置上。从信息论角度看，能力是以知识（不仅是书本知识）为基础的，是经过加工的具有一定功能的信息块。以计算机内存的信息为比喻：有孤立的数据，如某一变量的值、某一次计算的结果；有结构化的数据文件，根据其结构特点能够便于查询、调用和整理加工；也有一段程序、一个功能模块或者一个软件。它也由一系列数据代码组成，但能根据一定的目的处理有关信息并得出一定的结果，在信息论中通常称为"产生式"。计算机的能力与总内存大小及内存中目标库文件是否丰富有关系，更重要的是软件（包括深层系统软件和固化的软件），还有按一定逻辑结构设计的中央处理器。人脑所储存的信息中必须有大量类似于系统软件的由许多产生式组合起来的模块。能力是信息的高级形式。人的能力要有先天的物质基础（大脑），在一定物质基础上，人的能力主要靠后天的教育、培养、锻炼和储存足够数量的高质量的信息块（包括产生式）来提高。

目前，有关人脑的信息传输、处理和储存等问题，大多数还是问号。所以，用计算机来说明这个问题，只是比喻，有的还属于猜测，目的在于说明教学过程是一种特殊的信息传输与处理过程。

2. 信息手段的发展必定会引起教学过程的变革

以往常用"言传身教"来概括教师的工作特点，这反映了早期教育工作所使用的信息手段十分简单，也说明了教师这个具有能动性、创造性的信息源的重要地位。受教育者主要根据教师的示范动作，通过视觉信息传输直接模仿，有时候还要教师"手把手"地通过触觉传输信息，另外，还从同步的声学信息中理解教师的评价和意图。这样的教育过程在历史上建立过功绩，至今仍有重要意义。

但是，只有简单的信息手段使教学内容和教学方法受到一定制约。首先是教育者所掌握的信息量有局限性，由于多种原因还往往丢失信息，需要"再创造"。反馈于社会则造成低水平的重复，其结果是造成社会发展缓慢。作为教学手段，信息手段的发展使教学内容、教学方法和教学理论得到丰富和发展，并多次引起教育的改革，反馈于社会生产发展的总趋势呈现出加速运动。我国古代印刷术的发明就是产生加速运动的推动力。特别是活字印刷术发明后，书籍大量出版，这就使受教育者不仅从教师的"言传身教"中获得信息，而且可以从阅读书籍中获得更广泛的信息。几代人的信息传输有利于多次的深层信息处理，建立高层次的信息块，这样，受教育者获得知识与能力的效率便大大提高了。一本好书是价廉物美的信息存储介质。指导学生善于读书、多读好书，在未来教育中，仍具有十分重要的意义。

除了靠感官直接获取信息外，社会物质生产不断地制作了实验观测工具，丰富并提高了信息手段，使人们获得更加丰富、更加准确的信息，对增长知识与能力很有价值。我国古代的浑天仪、西欧研究出来的显微镜和望远镜等，都是例证。爱因斯坦评价伽利略为"物理学的真正开端"，其深刻含义在于伽利略"毁灭直觉的观点而用新的观点来代替它"。新的观点在于进行科学实验，进行理想实验和采用科学的推理方法。从信息论的角度看，就是获得信息与处理信息的方法有了变革。随着社会生产的发展，原来只供少数学者进行研究使用的昂贵的信息手段，变为普及的为受教育者自己进行学习的手段。受教育者从通过教师、书本间接获得信息变为自己动手获得信息。这又一次引起教学内容、方法和理论的变革，体现了社会物质生产部门与社会教育的良性循环。可以设想如果没有实验室，让自然科学的教师讨论教学改革将是毫无意义的。

近几十年来，幻灯片、电影、录音、录像、广播、电视等信息手段的发展，都迅速应用到教育教学中去，对教学内容、方法和理论产生很大影响。国外许多大学设立了教育科学系，有的称为教育工程学，就是学习和研究现代信息手段如何应用于教育教学并促进其变革的。近年来，我国一些师范院校也建立了现代化教育研究所（或中心），开始研究这一课题。

综上所述，结论十分清楚，一旦新的信息手段出现，就必定会引起教育教学的变革。

3. 计算机在教学中的应用促进了教学改革的深化

作为现代先进的信息传输与处理手段，国外称计算机为电脑，因为它在各种设备中最近似于人脑，可以模拟人脑的某些简单的功能。计算机的特点与教学过程在本质上是相通的。由于微型计算机的出现和普及,计算机辅助教学已经成为国内外教育科学研究的重点项目之一。

国外对计算机辅助教学方面的初步实践,有不少事例可以说明,计算机的应用有助于解决教学改革中的一系列微观课题。计算机在教学中的应用研究与教学改革的研究,十分自然地走在同一轨道上。

三、计算机对教育观念的影响

1. 计算机将促使学校转变教育观念

教育本身承载的是一个国家、民族素质的提高,文化和价值观念的继承与发展。人类的发展离不开教育的发展,国家的强盛也离不开发达的教育。尽管人类的历史写的是战争史、帝王将相史,但人类发展的历史是一部技术发展史。社会的每一次进步,每一种社会形态更替的背后都有强大技术革命的有力推动。同时,技术的发展又带动了教育的发展。

每一次技术进步不仅给教育增加了新的知识内容,更重要的是给教育带来新的知识传播形式。纸张的发明淘汰了沉重的知识载体——竹简,汗牛充栋的竹简被浓缩成薄薄的书本,极大地方便了信息的传播,"学富五车"的成语成了遥远的过去;印刷术的发明把大量的人力从烦琐的抄写工作中解放出来,信息可以没有损耗地被复制成千上万遍,知识的传播更加广泛;广播、电视的发明使单向的远程教育成为可能。

计算机、互联网技术的发明改变了书本是知识主要传播载体的情况,使教育迈入了全新的信息时代。互联网将全世界的学校、研究所、图书馆和其他各种信息资源联结起来,成为一个取之不尽、用之不竭的海量信息资源库，全球的优秀教师或专家可以从不同的角度和侧面提供同一知识领域的学习素材和教学指导，任何有知识需求的人可以在任何地方、任何时间通过网络学习，形成一对多或多对多的教学交互。一种全新的教育形式已经形成。

2.计算机将改变教师的角色和作用

教育以人为本就是以人为中心，突出人类是教育的最大受益者。受教育者全面发展是教育的核心。人是教育的中心，也是教育的目的。教育以人为本，就是老师以学生为本、校长以老师为本、各级政府官员以校长为本，学生受教育后以服务于社会为本。

教育以人为本，要从满足人的基本需求出发，根据人的不同特点，实现不同层次的发展。每个人都有三个层次的需求：珍爱生命、维护尊严、谋求发展。

珍爱生命就是在维持生存的基础上，物质生活和精神生活质量得到提升。互联网不仅给我们的物质生活增加了财富、提供了方便，在精神生活方面也大大拓展了空间。互联网使新闻的传播速度更快，满足人们的知情权和好奇心；在互联网上人们参与时政讨论，发表自己的看法，了解别人的观点，沟通政府与民意，是发挥社会主义民主政治的一种良好补充；在文化方面，互联网已成为大众喜爱的文化生活方式和新兴的文化空间。互联网极大地提高了人们的精神生活质量，使生命更加有意义。

维护尊严是人类特有的需求。没有平等就无所谓尊严，教育权利的演变为我们观察信息时代的平等观念提供了一个生动的样本。自古以来，在传统的教育体制下，师道尊严是维持师生关系的基础，老师高高在上，学生言听计从。几千年来的教育是老师主导的知识传授、学生被动接受的过程。在这种体制下，学生求真求新的天性被扼杀，创造力逐渐在负担沉重的课业中消磨殆尽。互联网的出现将从根本上改变传统的师生关系。老师和学生的界限模糊化，只要你有真知灼见，无论你是谁，无论你在哪里，都可以"结庐授课"，真正实现了孔子"三人行，必有我师焉"的理想。互联网教育对于学生来说是一种真正的公平教育，大家面对的是同样的资源，不管你的家庭背景、智商存在多大差异，性格内向或外向，你都可以按照自己的意愿选择老师、课程、授课方式，可以是听讲，可以是讨论，可以是论战。互联网的非歧视性最大限度地实现了人与人在教育权利和尊严上的平等。

谋求发展是人类更高层次的需求。互联网提供了海量的信息资源，教育资源的丰富使学生的个性化发展成为可能。资源的多样化带来了学习方式和内容的多样化，以及个人发展的多样化。学生可以自主选择发展方向，选择特定方向的优秀资源，同一流的大师学习和对话，深刻挖掘自身发展的潜能。

3. 计算机给传统教育观念带来了巨大挑战

信息技术对教育的影响将是不可估量的。它不仅带来教育形式和学习的重大变化，更重要的是对教育的思想、观念、模式、内容和方法产生深刻影响。教育信息化是我们从思想观念到实践方法都必须面对的一场革命。

（1）社会对教育信息化认识的转变

鉴于信息化对学习观和教育观带来的影响，许多国家已经充分认识到信息化在教育领域中所处的重要地位，纷纷对教育信息化建设给予了前所未有的关注，把教育信息化作为提高综合国力的重要推动力，呈现出国家重视、政府推动的显著特征。例如美国的教育技术规划，日本的第五代、第六代计算机进入教育网计划，欧盟的尤里卡计划，法国的实践计划行动纲领，韩国的虚拟大学和新加坡的智慧岛方案，等等。我国也在加大教育信息化的投入，有些有远见的大学或政府部门已经设置了教育信息化处室，统筹规划学校信息化建设，把握教育发展变革方向。但从整体上看，全社会对教育信息化的重要意义认识不足，有些部门只是口头上喊喊，在网络基础设施、师资技能准备、教育资源建设上的投入远远不够。我们是否认识到学校没有建校园网就等同于学校没有建教室，没有连接互联网就等同于学校没有图书馆，没有教学资源库就等同于学校没有老师？

（2）学校功能的转变

随着教育信息化时代的来临，大学的知识产生、知识传播以及知识应用等功能也在逐步演变。知识产生的功能逐步增强，受互联网的影响，知识传播功能将被逐渐弱化。从某种意义上讲，大学应逐步演变成以研究为主的知识生产机构。

由于学习方式的多样化，大学的另一个功能——知识水平鉴别功能将渐渐增强。大学将通过政府授权，成为以鉴别人们掌握知识水平为目的的考试和证书发放机构。对学习效果的鉴别与认证将随着学生个性发展的多样化趋于复杂化、科学化、专业化。

（3）教师教学观念的转变

具有现代化教学观念的教师，应从传统意义上的知识的传授者转变为学习的组织者和协调者，即对学生的学习活动进行指导、计划、组织和协调，注重培养学生自我学习及获取信息和知识的能力。过去培养学生自我学习的能力强调利用好两个工具，即字典和图书馆，今后要增加并强调互联网这个工具，强调通过互联网学习。教师要注重自身素质的提高，注重利用新技术开发课程课件，一本教案用多年的教师肯定要被信息社会淘汰。

互联网的应用将极大改变对教师的评价方法。对于一个教师，他（她）的多少教学资源可以通过互联网共享，多少创新的学术成果能经得住实践检验、为人所用，都将成为评判一个教师学术水平、教学水平的重要指标。传统体制下，教师的水平由学校评判；互联网时代，裁判主体变成了整个学习社会的学生。评价方法从领导或同行参观一堂作秀似的公开课，变成学生对该教师的网上课程的评价和选课率的高低。信息时代，教师将变成公众人物，其教学和学术成就将接受社会的监督和评判。知识面前人人平等，任何弄虚作假、学术腐败，都将在互联网时代无处遁形。

（4）学生学习观念的转变

教育信息化肯定不能等同于简单的互联网的概念，学生应在教师的指导下，将信息网络及技术变成自觉学习、自我发现、自主探索的工具。这里就有一个观念问题，不能仅认为只有进入课堂才是学习，只有教师讲的才是知识，只有考分才说明能力，要全面、正确地理解知识和学习，理解教育信息化。

具有现代化学习观念的学生，应从传统的被动地接受知识、理解知识、掌握知识转变为主动地获取知识、处理知识、运用知识，要有能力利用信息网络进行知识的探索，具备较强的自我学习能力。学生应有一个从学习互联网知识到通过互联网学习的过程。

此外，学生还应该在老师的引导下形成正确的网络观。网络是一种工具，工具的好坏取决于用途，用途的好坏取决于使用它的人。因此，对于求知上进的人，网络是学习的利器，能发掘无尽的知识宝藏；对于消极堕落的人，它是诱使人沉湎于游戏、虚无、情色的精神鸦片。因此，在积极倡导建设"绿色网络"的同时，引导学生形成正确积极的网络观，形成对信息的判断力和防范力是至关重要的。

第二章 计算机教学改革

第一节 计算机教学改革的必要性

近些年来，计算机专业毕业生就业前景较为乐观，但仍然存在着一些问题，如专业对口性差，很多计算机专业的毕业生并没有选择和从事与计算机相关的工作，这凸显出计算机专业毕业生在选择就业的时候面临较为尴尬的境地。这种情况的出现，主要是由于信息化技术发展迅猛，计算机技术也在不断更新，但是计算机专业毕业生的计算机相关知识和技术存在极大的滞后性，这与一些用人单位的需求相脱节。

计算机专业不只是单纯地进行理论知识学习，还需要与实践相结合，由于缺乏对计算机学科的系统性学习，很多学生的计算机基础知识不扎实，对计算机基本的系统操作也不熟练，这与用人单位的招聘需求存在较大的差距，从而使得高校所培养出的计算机专业人才在技能和应用中的优势无法显现。

一、缺乏先进的教育理念

许多高校并没有树立科学的、先进的教育理念，没有深刻了解市场竞争形势，对计算机专业市场的考察不够深入，对学校的计算机专业的发展没有一个良好规划，缺乏主人翁的责任感和引领时代的危机感，没有站在学生的角度去了解新时代学生所应具备的技能，缺乏正确的理论指导与管理方法，在制度上也欠缺科学合理、切实可行的实施措施。

1. 现代教育理念对于计算机教学的意义

首先，现代教育理念能够强化学生的创新能力，为学生的长远发展奠定基础。我国当前的社会经济发展需要大量具有创新能力与实践能力的高素质综合型人才。而高等院校通过现代教育理念的运用能够促进学生创新能力的提升。其次，现代教育理念能够促进教学水平的提升，为学校的持续发展提供保障。高等院校在发展的过程中，需要对教育理念与方法进行改革与创新，以提升自身的教学水平，进而培养学生的综合素质与能力，为学生的就业奠定坚实的基础。学生素质提高，在就业时自然比较受欢迎，反过来也促进了学校知名度的提升。

2. 计算机教学中存在的教育理念问题

（1）计算机课堂教学效率不理想

与其他学科相比，计算机教学具有一定的特殊性，一方面需要对理论知识进行学习，另一方面还需要进行具体的实践操作练习。理论知识是实践操作的前提与基础，如果没有充分掌握理论知识，将对学生的实践操作造成一定的影响，不利于学生长远发展。

（2）计算机教学的方式与理念较为老旧

部分高等院校的计算机教学依旧沿用传统的教学方式与教学理念，现代教学理念并没有与计算机教学方法相融合，导致理论与实际之间依旧存在着较大的差距。在计算机教学的过程中，教师存在着照本宣科的情况，而学生的学习也缺乏兴趣与积极性，教学效果并不理想。

（3）学生的创新思维能力较差

高等教育最重要的目标就是培养满足社会要求的高素质技术型人才。因此，高等院校的学生必须具备创新思维。计算机技术的发展日新月异，如果学生缺乏创新思维，根本无法在如此快速发展的行业中立足。当前，部分高等院校在计算机教学中忽视了对学生创新思维能力的培养。计算机技术的发展速度很快，有些技术已经更新换代，但是教材内容没有更新，导致学生所学的知识与行业发展之间不匹配。此外，还有部分教师只注重学生基础知识的掌握情况，不重视计算机技术的发展状况，影响了学生创新思维能力的培养。

二、不合理的课程设置

计算机技术的发展日新月异，但是学校的教材乃至考试考核却没能紧跟行业的发展，仍然相当落后。现阶段许多教材的编写一味追求面面俱到，没有及时删除过时、落后的内容，也没有及时增加新的知识点，同一本计算机教材连续使用多年的情况已经司空见惯。如此不合时宜的教材，又怎么能教出适应社会需要的学生呢？

1.高等院校计算机专业课程发展现状分析

当前，我国对计算机人才的需求出现了一种自相矛盾的现象，一方面是市场上计算机专业人才需求的缺口很大，另一方面计算机及相关专业的就业形势却呈现下滑的趋势，具体体现在高等院校计算机专业毕业生就业难，从而导致招生困难。究其原因，有受社会大环境的影响，但主要是高等院校计算机专业培养的学生特色不突出，学生存在着"不软不硬、不上不下""博而不精、适应期长"等缺陷，具体表现在以下方面。

（1）培养的人才和市场需要脱节

目前，一些高等院校计算机专业在专业设置、专业课程的内容以及教学方法上，呈现出结构不合理、课程内容及手段相对滞后等现象，造成了教育和市场需求的脱节，导致学生就业后适应能力差，通过自学或重新培训才能适应工作的需要。

（2）发展后劲不足

高等院校计算机专业学生的就业普遍存在岗位层次低、发展后劲不足的现象。目前，一些高等院校的培养手段相对落后，毕业生的实际应用和操作能力远远不能适应各行各业对计算机专业多方位、高素质人才的需求。近几年，用人单位反馈的信息表明，高等院校毕业生进入用人单位后，能够独当一面的极少，多数只能担当基础性或维护性工作。

（3）专业课程体系不科学

专业课程没有形成针对专业培养目标所确定的职业岗位的有效课程体系，课程门类定位不够准确，课程目标偏离人才培养方向，课程功能低下。同时，没有从根本上改变学科教程结构，即使对一些课程进行了整合，也只是按照专业理论"必需、够用"的原则对课程内容进行增减、筛选，依然按学科知识逻辑结构组织课程。

俗话说："出口畅，入口旺。"在如此严峻的就业形势下，高等院校计算机专业建设应如何走向市场，从而让更多的计算机专业毕业生实现顺利就业呢？

2.高等院校计算机专业课程设置的原则

（1）课程理论适度化

所谓理论适度化就是既要在专业理论基础上进一步加深和拓宽理论知

识，又要兼顾少而精。在课程教学中，我们以够用为度，不追求专业理论知识的完整性，而是严格按照职业需求来精选适合的专业理论知识并着眼于理论在实际中的应用。

（2）语言类课程的设置原则

高等院校培养的是应用型人才，教学目的自然也就是学以致用。鉴于许多用人单位要求掌握一种数据库语言，可安排学生毕业前考一门语言，如全国计算机等级考试中的 Visual FoxPro 或是 Access 等数据库语言，可以采用集中培训的方式来提高通过率。

（3）学历教育与职业培训相结合

采用学历教育与职业培训相结合的方式。要使学生在取得学历证书的同时按照国家有关规定获得用人单位认可程度高、对学生就业有实际帮助的相应培训证书和职业资格证书。

（4）开设具有实用性的课程

建立高校课程体系改进和更新的机制，使课程开发成为高校发展的发动机。要关注行业、企业的最新发展，通过学校与企业合作等形式，及时调整课程设置和教学内容，突出本专业领域的新知识、新技术、新流程和新方法。根据实际的工作任务、工作过程和工作情况组织课程，形成围绕工作需求的新型教学模式。

（5）课程结构模块化

所谓模块化的课程结构，就是把教育内容编排成便于进行各种组合的单元。一个模块可以是一个知识，一个操作单元、一个专业工种都可成为一个模块。它是把专业理论和操作技能有机地、系统地结合在一起进行的理论和实践一体化教学，注重教学内容的实用性。

3. 高等院校计算机专业课程设置的定位

计算机专业学生的就业岗位不同于电子、机械专业，其岗位技能具有较强的行业相关性。因而，计算机专业的人才培养也不能是同规格的"批量生产"，必须面向职业岗位进行多层次、多元化的培养。

当前高等院专业培养目标可以定位到面向基层岗位，培养掌握计算机基础知识和基本技能，并具备"一技之长"的应用型人才。

因此，高等院校计算机专业教学应适应社会需求，在打好专业基础的前提下，更应注重学生的个性发展。教学目标可确定为以下几个培养方向：

（1）办公自动化及计算机维护方向：培养办公自动化管理、操作、计算机系统维护技术人员。

（2）网页制作：培养从事网页设计的专业性人才，培养具有空间设计的基本理论、基本知识和基本技能的网页设计师。

（3）网络管理方向：培养负责维护公司计算机硬件，搭建与配备计算机网络，根据需求设计网络方案，与网络供应商配合维护和监控公司局域网、保证其正常运行的人才。

（4）多媒体技术方向：培养从事影视后期制作、多媒体制作、音视频系统开发和应用、网络多媒体信息的加工与运营等工作的人才。

（5）网络广告设计方向：培养能从事计算机图形图像处理、网络广告设计的人才。

三、师资力量不足

1. 计算机教学中教师应具备的基本能力

在计算机教学中，教师是教学的研究者、设计者、开发者，是学生学习实践的指导者、组织者、评价者，是学生课题小组、学习小组学习的组织者和协作者，是学生学习环境的管理者。所以计算机教师必须具备以下几种能力。

（1）教学设计能力

目前，计算机教师急需培养以下新的教学能力：系统的、整体的教学设计能力；对教学各要素及其关系进行统一组织、协调安排的能力；用新的、科学的教学设计的思想与方法促进并改进教学工作的能力。

教师用现代化教学设计思想、方法指导教学信息化的环境下，若同时能够具备系统化教学设计能力，就能实现教学优化。教学信息化环境下的教学设计的主要内容包括：确定学习目标、学习需求分析、设计学习资源、认知工具、选择认知工具和教学策略、对学生的自主学习评价，等等。

①设计的观念与方向：强化运用现代教育观念，充分发挥学生的主动性和创新精神，教学安排必须从学生的需求、特点出发，改变以往只注重"教"忽视"学"的状况，改变学生被动接受、缺乏原创精神的现象。利用计算机辅助教学课件，增设学生学习点、自学点，通过"举一反三，精讲多练"的形式，探索学生自主学习的模式。

②设计的策略：强化运用系统整合的思想，对教学过程各要素进行全面分析与研究，对它们之间的关系进行协调、整合和把握，并且强调设计中问题的解决策略，突出设计的创造性与灵活性。

（2）教学实施能力

①综合评价能力。教学过程中，教师要按教学难度顺序（简→难）设计教学任务，所以教师应能全面、综合地考虑任务如何设定、在何处设定、如何完成、需要什么条件等问题，这就要求教师具有综合评价能力。同时，

教师要以任务为导向，根据学生的思维特点，重点评价其解决问题的能力。对于学生完成任务时方法的多样性、算法的优化和界面的美化等问题，教师适时提出建设性意见，给予指导和纠正。任务完成后，教师应及时对学生完成情况进行评价，起到示范和鼓励的作用。

②内容与方法相结合的能力。根据教学内容选择恰当的教授方法及形式，即内容与方法相结合的能力，是对计算机教师的基本要求。计算机课程涉及许多软件，教师的任务不只要让学生学会软件，还要通过对软件的学习，让学生学会处理问题的方式、方法。因此计算机教师要结合不同软件特点、教学内容特点、学生特点，恰当地选择教学形式、方法，利用计算机多媒体的特点，充分调动学生学习的兴趣、积极性，培养学生独立思考、解决问题的能力。

③协作教学的能力。协作学习，就是对于问题的学习采用协作学习的形式，如采用分组形式进行问题研究的研究性学习模式，通过个体之间的相互影响，达到解决问题的目的。协作教学也有类似的特点，它能发挥教师各自的优势，取长补短，是教学问题解决的有效方法之一。

一个计算机教师必须具备与其他学科教师及专业技术人员进行协作的能力，它是教师培养学生合作能力的重要素质。教师之间可以利用互联网建立更为便捷、有效的协作关系，从而实现经验智慧的共享，获得更广泛、更有力的教学支持。

④促学能力。教学必须突出学生的主体性，因此充分调动学生学习的积极性、主动性，是教师不懈努力的方向。教学中，问题解决初期，学生独立完成有困难，需要教师进行适当的演示和提示，在教师的指导下，由学生解决问题。这种能力不是从教师的方向给学生传输解决问题的方法，

而是使学生积极探究问题解决的办法,强调帮助学生建构知识体系的方法。

⑤教学操控能力。教学实施能力还应包括教师对教学媒体熟练操控的能力,特别应该重视Internet及局域网环境下,基于合作学习和问题学习等现代学习方式下师生之间的调控能力。如软硬件的操控能力,把握教学全局、控制教学流程等综合操控能力。

(3)教学监控能力

教学是教师引导、带领学生建构知识的过程,教师要对教学进行全面的监控。此时教师的角色由单纯的传授知识,变为传授、引导、监控,学生的学习形式也由完全被动学习,变为利用媒体独立学习和协作学习。因此,教学过程的复杂性对教师的监控能力提出了更多的要求。

学生在多媒体教室学习时,最好以任务驱动的方式来完成学习任务,教学监控利用多媒体技术从对集体监控到对个人监控、小组监控和同伴关系的监控。利用网络、多媒体技术支持教学通讯、监控,可以使教师随时了解学生的学习动态,并促进学生之间的相互交流。

教师需要不断提高自己的教学能力,不断更新、总结、提炼及完善自己的知识。计算机教师只有具备了以上多种能力,并且不断进行教学研究和探讨,才能成为一名合格的教师。

2.计算机教学中师资存在的问题

很多学生在学校时成绩相当不错,可到了实际教学工作中却发现自己什么都不会,这是什么原因呢?因为大部分新任教师虽然是从一个学校来到另一个学校,但其身份却从学生变成了教师,这导致许多教师本身的实践经验不足,上课只会照本宣科,无法按照课程的能力目标重组教材,更不要说有什么创新了。他们在平常的工作中,备课过程只备知识点和理论内容，不备学生，不备当前实际情况，不备实际操作，更没有顾及情感教育和能力教育。

教师平时工作量大，本身没有时间进修和深入学习，对市场、企业的了解度也不够，自己只有半桶水，又怎能给学生一桶水呢？久而久之，学生的学习兴趣和学习热情逐渐消失，其学习的主动性和创造性被逐渐抹杀。这些都是导致计算机专业的部分学生不能胜任毕业后工作的重要原因。

四、教学方法的分析

现今社会要求教师不单是知识的讲授者，更要成为学生创造思维的启发者。但是，有时教师过于注重课堂理论知识的讲授而忽略了对学生创造思维能力的培养，学生单单只是学会教师讲授的知识，而无法创造新知识。有些教师甚至将实验课程当成教学的辅助环节，严重忽视了对学生动手能力和创新意识的培养。即使有部分教师对实践环节有一定的重视，但计算机专业各课程之间却缺乏沟通，无法融会贯通，学生很难形成与时俱进的竞争能力。

五、教材的分析

由于计算机行业发展迅速，而学校所使用的计算机教材更新慢，相应的内容更新速度也过于缓慢，导致计算机的许多新技术、新知识不能及时出现在教材中。陈旧的教学内容不能更好地贴近学生的实际生活，这与社会对人才的需求不相适应。

第二节　计算机教学改革的具体内容

　　计算机教学改革涉及的范围十分广泛，但从总体上来说，高校计算机教学改革就是以市场需求和社会需求为导向，培养理论性强、操作能力强的高素质人才。

一、慎选计算机教材，优化课程教学内容

　　在选用教材前，首先要深入了解企业、用人单位对于计算机专业人才的要求，研究如何才能使高校计算机应用基础课程更加适应社会发展需求，以市场需求为导向，选用符合市场需求的计算机教学教材，确保计算机课程内容符合专业需要，满足用人单位的需求，形成具有专业特色的课程教学。

二、实行分层次教学，注重学生操作能力的培养

　　由于大学生的计算机基础存在着一定的差异性，实施分层次教学有利于提高不同层次学生的计算机应用水平，缩小学生之间的差距。在实际的计算机教学中，分层教学实施起来难度较大，可以考虑利用网络资源对学生实施分层教学方案的设计和研究，便于有效开展分层教学，注重学生的实际动手操作能力，培养学生学习计算机的兴趣和自学能力。

　　分层教学是以学生现有知识水平为前提，依据一定准则将学生分成不同层次进行组织教学的模式，它不仅体现了"因材施教"的教育原则，而且体现了"学生是认知的主体"的教育思想。在教学实践中，我国高校片

区选课制下的大学计算机分层教学已积累了不少实际经验。从网络问卷调查也可看出，学生的计算机应用和操作能力存在很大的差异，10%～15%的学生具备较好的计算机应用能力，且多数学生对分层教学模式持肯定态度。因此，要提高学生的计算机应用能力，学校应充分重视分层教学模式。

在分层教学模式下，以模块化方式组织教学内容无疑是一种切实可行的方法。同时，为提高教学效果，一定要注意使各层次学生的教学内容和其已具备的知识水平相适应。问卷调查结果显示，学生的基本信息素养已比前些年得到明显提高，尤其在计算机基本操作、网络应用等方面更为明显。因此，对于普通班而言，教学宜进行"提升加速"，适当减少计算机知识、Windows 以及 Office 应用（尤其是 Word 操作）的教学时间，提升数据库应用、网络应用、多媒体应用以及计算机安全方面等内容的广度和深度；对于提高班而言，根据前期试点的经验，教学内容应重点放在 Office 综合应用、网页设计与网站建设、数据库应用、多媒体制作等专题上，教学应突出培养学生的综合应用能力和创新能力。

三、激发学习兴趣，改进教学方法，培养计算思维能力

通过问卷调查可以发现，绝大多数学生对计算机课程充满了兴趣，并希望通过学习达到较高的目标，但其学习习惯和对课程的认识需要进一步培养和加强。为什么在课程初期学生基本能按时上课和上机，但到了期末缺勤的学生却越来越多？作为教师，我们在抱怨学生学习态度不够端正的同时，也应该对自己的教学进行必要的反思；为什么我们的教学不能吸引学生？实际上，学生的学习习惯像一片待开垦的处女地，等待着教师去塑

造和引导。良好的教学方法和适当的教学艺术，不仅可充分激发学生的学习兴趣，而且可增进学生对课程的认识并建立良好的学习习惯。相反，照本宣科的教学足以抹杀学生的学习兴趣，使他们产生厌学和应付的心态，因此，该是摒弃按照 PPT 课件讲概念、照着操作测试题演示的时候了。我们应该站在学生的位置进行思考，充分研究教学内容以及如何与学生进行互动沟通。我们应通过富有吸引力、生动形象且切合实际的典型案例开展启发式教学，在演示中进行归纳，从归纳中理解概念，从实践中掌握概念和技能。

学生对课程有了兴趣，便会主动去思考和应用课程中所学的知识。因此，要不失时机地培养学生的计算思维能力，提高科学素养。尽管计算思维理念还处在一个探索阶段，其培养途径和方法还有待进一步研究和实践。但作为大学计算机教学的核心任务，其在计算机教学中的重要性已得到越来越多人的认识和肯定。笔者认为，教学中要有意识地引导学生去思考和总结计算机解决问题的一般方法和规律，要注意培养学生应用计算机解决实际问题的能力和意识，要鼓励学生利用所学知识去探索未知世界，通过反复的学习、思考和应用，学生的计算思维能力一定能得到明显的提高。

四、加强任务驱动的上机实践，培养学生综合应用能力

计算机是一门实践性很强的课程，计算机知识的掌握、能力的提高，甚至是思维的形成很大程度上依赖于学生的上机实践。调查显示，多数学生对计算机课程涉及的文字录入、Word 文档简单编辑排版、Excel 数据录入和排版、网络基本应用等内容已有一定了解，因此应尽量减少这类验证型实验所占的比重，相应增加综合型和设计型的实验内容。尤其对于提高

班，更应围绕所讲授的专题，设置一些综合型、研究型和创新型的实验，以培养学生的综合应用能力和创造性学习知识的能力。

问卷调查结果指出，绝大多数学生希望增加上机学时，并表示将利用好课外上机学时完成课程学习任务。这就要求学校应持续增加对计算机软、硬件的投入力度，以缓解课外上机"一机难求"的局面；同时，实验室也应不断提高实验教学信息化管理的水平，尽可能为学生创造优良的上机环境。笔者认为提高实验教学质量关键在于加强实验教学改革方面的探索，只有改变传统上机实践课"学生依葫芦画瓢，画不出来时问老师"的固定模式，实验教学的质量才能得到根本上的提高。加强任务驱动的上机实践是一条可行之路。多数学生是不乏自学能力和创新精神的。因此，任课教师可围绕理论教学内容主线，在每个专题内容中布置1~2个具有一定知识综合程度、一定创新性且较接近生活实际的实验题目，教师仅作思路提示和归纳总结，让学生在课外上机实践中自主完成相应任务，并督促学生在规定的时间内完成。

五、完善计算机考试制度，全面反映学生的计算机水平

一般说来，计算机考试多采用纸质化考试的方式。笔试考试作为一种常见的考试制度已经沿用多年，但是随着时代的发展变迁，这种考试制度难以全面反映出学生的计算机水平，同时这一考试方式也容易造就一批理论性强、实际动手操作能力弱的学生。为此，已经有一些学校开始实行上机考试，并且取得了比较好的效果。

大学计算机课程内容丰富繁杂且具有较强的操作实践性，传统的以理论知识点为主的单一考核方式已不适应课程发展的需要。在分层教学模式

以及任务驱动的上机实践框架下，自主式、研究式和协作式学习已成为学生获取知识和提高信息素养的主要手段。因此，必须建立和完善多元化的考核评价体系，特别注重对学生学习过程的考核。具体来讲，可适当降低理论知识考核在期末综合成绩中的比重，增加对网络教学平台单元测试、专题实验以及期末综合设计的考核力度，鼓励学生开展创新性和研究性的实践和学习。多元化考核评价方法有助于提高学生的学习自觉性和主动性，避免课程学习和考核的脱节，从而更公正、合理地对学生的学习效果做出相对客观的总体评价。

《大学计算机基础》是各高校面向大一新生开设的第一门校级计算机课程，目的是使学生获得进一步学习信息技术所必备的基本知识、基本操作技能和应用计算机解决实际问题的能力。

六、整合高校师资力量，全面提高计算机教师的整体素质

教师的教学水平直接关系到教学的质量。针对现阶段部分高校计算机教师师资力量薄弱的状况，应进一步整合高校师资力量，提高计算机教师的整体素质。要在现有教师的基础上，招聘更多的计算机专业出身的高校计算机教师，为现有计算机教学带来新鲜血液，还要对现有高校计算机教师进行相关培训，加强专业学习，培训教学技巧，全面提升计算机教师的教学水平，为培养高素质计算机人才奠定基础。

第三节　计算机教学改革的途径

新形势下的高校计算机教学改革是高校教育改革的重中之重，必须引

起相关部门的高度重视。高校计算机教学改革应该与时俱进，急市场之所急，想市场之所想，为社会输送所需的高素质人才。高校计算机教学改革应从以下几个方面着手。

一、创新教学观念

高校计算机教学改革应从教学观念的改革着手，高校领导和教师要充分认识到计算机教学的重要意义，了解计算机在大学生就业中的重要性，改变以往"重理论、轻实践"的现象，加强学生的动手操作技能，提高学生的计算机基本素质和实践能力，以及运用计算机解决实际问题的能力。

1. 以人为本的教育理念在计算机教学中的运用

教育作为社会发展的重要组成部分，应该体现以人为本的时代精神。教师在计算机教学中，必须将以人为本的精神贯彻到整个教学过程中，以学生的需求与发展为教育发展与改革的依据。教师在教学的过程中，应该充分认识与了解学生的特点，采用因材施教的教学措施，有针对性地采用能够激发学生优点与长处的教学方法。

2. 素质教育的教育理念在计算机教学中的运用

现代教育更加注重将知识转化为能力、素质，强调知识与能力、素质在人才整体结构中的相互作用与辩证统一。在计算机教学中要转变传统的"重理论、轻实践"的观念，注重提高学生的实践能力，将培养学生的综合素质作为教学重点，通过素质教育更好地开发学生的各种潜能，通过知识、能力与素质的协调发展提高学生的整体水平。

3. 创造性教学理念在计算机教学中的运用

实现现代教育最为重要的就是将传统的知识性教育转变为创造力教

育。在知识经济时代，人的创造力是所有资源中价值最高的。现代教育认为，教学具有较高的创造性特点，对于学生创造力的启发、引导与开发、训练具有不可替代的作用。现代教育提倡创新教育与创业教育相结合，培养满足社会需求的创新型、创业型、复合型人才。计算机技术具有更新换代快的特点，教师在进行计算机教学的过程中不应该拘泥于教材，应该以教材为引导，向学生介绍更多的计算机发展前沿知识与技能，鼓励学生对计算机技术进行有效创新。

4.多样化教学理念在计算机教学中的运用

现代社会呈现出多样化发展的趋势，社会结构的高度分化使社会生活更加多变，人们的价值观念也逐渐向着多元化的方向发展。在这种背景之下，教育必然也呈现出多样化的发展态势。首先，教育需求更加多样化。随着社会的不断发展，对人才的要求也更加多样化，这就对学校的教育提出了更高的要求，学校在计算机教学的过程中应该结合多元化的人才培养目标，注重学生综合素质的提高。其次，教育形式与手段、教育质量衡量标准等也要多样化发展。在计算机教学过程中，教学设计与管理面临着更高的要求，因此在计算机教学中应该实现弹性教学，促进计算机教学效果的提高。

在教育中，计算机是一门非常重要的课程，是学生在未来的就业过程中必须具备的能力之一。教师在进行计算机教学的过程中应该引进各种先进的教育理念，以此为基础实现教学方法的创新。教师应该充分了解与掌握学生的特点，采用适合学生的教育理念与教学方法，有效提高学生的计算机应用能力与创新能力。

二、分专业开设不同的计算机课程

高校计算机教学应树立计算机基础课程的通用性和工具性意识，教学内容应与专业课程的学习联系起来，对于工程、水利、信息技术等专业可以加大程序设计课程的学习力度，可以开设 C++、VB、网络编程语言 Java 等计算机课程，这些课程的开设有利于培养学生利用计算机从事本专业的理论研究和工程设计开发的能力；对于经济、会计、法律等专业的学生，则应重视应用能力的教授，可开设教授 Word、PowerPoint、Excel、网络应用等方面的实用技巧以及动态网页制作、文档的上传和下载等具体操作技能的课程。这是学习专业课程的需要，更是用人单位对于理想化人才的要求。

1. 课程设置要体现素质化培养

"通"和"专"是辩证的，素质化着眼于学生的可持续发展、终身发展的潜力的培养。除了政治、语文、数学、英语等文化课外，素质化还应包括专业修养课程的内容，比如网络广告设计专业，其课程还应包括素描、色彩、书法、广告设计、标志设计、音乐基础、摄影艺术等。这些课程的开设有助于学生形成人文素质、科学素质和本专业必备的艺术素质，加设专业修养课是培养学生成才的首要环节。

2. 课程设置要体现技能模块化培养

素质化课程旨在积累深厚根基，利于学生可持续发展；模块化课程旨在专才教育，学生可以自由选择学习模块。每个模块均有素质课程（包含文化课和专业修养课）、项目实践课程和就业培训课程三部分，是培养学生成才的必要基石。

3. 课程设置要体现工作项目实践化

以前，高校所说的"实践"其实是一种单纯的技能操作，仅指计算机本专业的东西而已。这里的"实践"，专指工作项目实践，行业化的课程设置与普通高等院校课程设置的最大区别就在于此。工作项目实践重在综合实践，通过完成一些实际的项目从而逐步掌握课程的知识，能够在实践中进行学习，提高学生自学和自行解决问题的能力。实践课程，一方面能提高学生的学习兴趣；另一方面，能够了解实际的工作流程和工作内容，从而提高就业能力，是培养学生成才的必要手段。

4. 课程内容必须强调应用性

只有课程内容与生产、生活实际相联系，才能培养出社会需要的实用型、应用型人才。高校计算机课程内容的改革，是要以项目（或模块）为单位，对相关的课程进行整合，使教学内容体现出针对性、实用性、理论联系实际等原则。例如"网络组建"模块，可以某种局域网为项目，通过讲授该项目的实施过程，使学生理解网络传输协议，掌握在不同环境下计算机网络各种线材的设计、安装及铺设的原则与方法，学会分析在不同的网络环境下如何配置计算机的硬件系统，掌握网络操作系统的选用与安装，了解网络管理、资源分配以及网络安全等问题，使学生具备网络组建和维护的基本技能。

这样，通过对教材内容的整合，使学生明确学习目的和内容，从而能将所学知识迅速转化为实际能力。所以高校计算机课程内容要从实际需要出发，需要哪些知识就讲解、讲透，让学生切实掌握。此外，课程内容还要适应行业技术发展，体现技术的先进性、前瞻性和延续性，要以就业为导向，将学生日后就业可能遇到的问题纳入教学内容中，提高教育与培训的针对性和适应性。

三、利用现代化手段优化课堂教学

随着现代科技的发展，以多媒体为首的现代化教学手段越来越多地应用到日常教学活动中，高校作为新鲜事物的先锋，更是实现现代化课堂教学的重要阵地。高校计算机教学改革应顺应时代脉搏，充分利用多媒体等现代化教学设施的优势进一步变抽象为具体，使学生能够更加清楚地了解某一事物的来龙去脉。同时，教学论坛、校内网站、E-mail、QQ等都可以为高校计算机教学做贡献，比如学生可以给老师发送电子邮件，可以求教疑难问题，也可以和老师分享学习心得，还可以指出老师在教学过程中的不足，等等，既可以加强师生之间的沟通交流，促进和谐的师生关系的形成，又可以利用现代化教学手段优化课堂教学，提高教学质量。

四、组织课外实践活动，提高学生的学习兴趣

课堂教学的时间是有限的，而学习是无限的。高校计算机教学改革应着眼于培养学生对计算机的兴趣，促使学生积极主动地学习。因此，根据学校的条件有组织、有计划地开展与计算机相关的课外实践活动，如程序设计、网页制作、动画制作、PPT课件制作等，甚至以竞赛的方式进行，不仅有利于提高学生对于计算机的兴趣，而且有利于培养学生的团队合作能力和综合应用能力，这对于提高学生的计算机应用能力、解决问题的思维能力及遇到困难时的心理素质，无疑是非常有益的。

在信息技术高速发展的今天，高校计算机教学改革刻不容缓。但是，高校计算机教学改革不是一蹴而就的，它是一个漫长的过程。作为从事高校计算机教学的教育工作者，应主动肩负起高校计算机教学改革之重任，努力为国家培养出高素质的复合型现代化人才。

第三章　基于计算思维的教学体系构建

计算思维是一种方法论的思维，是人人都应掌握和必备的思维能力，要使其真正融入人类活动的整体之中，成为协助人类解决问题的有效工具，自然而然，计算思维应积极融入我们的基础教学之中。大学计算机基础教学是以提高大学生综合实践能力和创新能力，培养复合型创新人才为目标的。那么，它就应义不容辞地承担培养学生计算思维能力的重任。教育部高等学校计算机基础课程教学指导委员会提出了要"分类分步骤逐步推进改革"的指导思想，并将相应的改革策略集中于内容重组式、方法推动式和全面更新式。

我们要通过大学计算机基础课程教学改革，来进一步准确解读"计算思维"的内涵与外延，逐步建立计算思维在教学中的科学表达体系，将计算思维融入课程理论知识和技能训练的结构体系之中，要通过能力要求来推动学生计算思维品质的提升，将能力标准作为计算思维在教学中的落脚点和表现形态，要将计算思维的思想和方法真正落在实处。根据信息社会的发展需求和我国的人才培养目标要求以及我国大学计算机基础教育的实际发展现状，我国大学计算机基础教学改革的指导思想可以总结为"厚基础、宽专业、勤实践、强能力、重素质、善创新"。我国大学计算机基础教育要以"培养学生计算思维能力"为核心任务，坚持"理论教学与实验教学相结合、计算思维与专业应用相结合、综合实践与创新能力培养相结合"的理念，从教学理念、课程体系、教学模式与方法、教学评价机制、师资队伍建设、教材建设等方面着手，积极构建以"计算思维能力培养"为核心的大学计算机基础课堂教学体系。

第一节　计算思维概述

一、计算思维的概念性定义

计算思维的概念性定义主要来源计算机科学这样的专业领域，从计算科学出发，与思维或哲学学科交叉形成思维科学的新内容。计算思维的概念性定义主要包含以下两方面。

1.计算思维的内涵

按照周以真教授的观点，计算思维是指运用计算机科学的基础概念进行问题求解、系统设计以及人类行为理解等涵盖计算机科学的广度的一系列思维活动。计算思维建立在计算过程的能力和限制之上，由人或机器执行。计算思维的本质是抽象和自动化。

计算思维中的抽象完全超越物理的时空观，完全用符号来表示，与数学和物理科学相比，计算思维中的抽象显得更为丰富，也更为复杂。在计算思维中，所谓抽象就是要求能够对问题进行抽象表示、形式化表达（这些是计算机的本质），设计问题、求解过程达到精确、可行的程度，并通过程序（软件）作为方法和手段对求解过程予以"精确"地实现。也就是说，抽象的最终结果是能够机械地一步步自动执行。

2.计算思维的要素

周以真认为计算思维补充并结合了数学思维和工程思维，在其研究中提出体现计算思维的重点是抽象的过程,而计算抽象包括(不限于)算法、数法结构、状态机、语言、逻辑和语义、启发式、控制结构、通信、结构。高等学校计算机基础课程教学指导委员会提出的计算思维表达体系包括计算、抽象、自动化、设计、通信、协作、记忆和评估8个核心概念。国际教育技术协会(ISTE)和美国国家计算机科学教师协会(CSTA)在研究中提出的思维要素则包括数据收集、数据分析、数据展示、问题分解、抽象、算法与程序、自动化仿真、并行。美国国家计算机科学教师协会的报告中提出了模拟和建模的概念。美国离散数学和理论计算研究中心(DIMACS)提出计算思维包含计算效率提高、选择适当的方法来表示数据、做估值、使用抽象、分解、测量和建模等要素。

以上各方从不同的角度进行分析归纳,有利于计算思维要素的后续研究。提炼计算思维要素进一步展现了计算思维的内涵,其意义在于。

(1)计算思维要素相较于内涵更易于理解,能够使人将其与自己的生活、学习经验产生有效连接。

(2)计算思维要素的提出是计算思维的理论研究向应用研究转化的桥梁,使计算机思维的显性教学培养成为可能。

二、计算思维的操作性定义

计算思维的操作性定义来源于应用研究,主要讨论计算思维在跨学科领域中的具体表现、如何应用以及如何培养等问题。与概念性定义的学科专业特点不同,操作性定义注重的是如何将理论研究的成果进行实践推广、跨学科迁移,以产生实际的作用,使之更容易被大众理解、接受和掌握。当前国内广大师生对计算思维研究最为关注的方面不是计算思维的系统理论，而是如何将计算思维培养落地，在各个领域中产生作用。通过总结分析各家之言，计算思维的操作性定义主要包括以下几方面。

1. 计算思维是问题解决的过程

"计算思维是问题解决的过程"这一认识是对计算思维被人所掌握之后，在行动或思维过程中表现出来的形式化的描述，这一过程不仅能够体现在编程过程中，还能体现在更广泛的情境中。周以真教授认为计算思维是制定一个问题及其解决方案并使之能够通过计算机（人或机器）有效地执行的思考过程。ISTE 和 CSTA 通过分析 700 多名计算科学教育工作者、研究人员和计算机领域的实践者的调研结果，于 2011 年联合发布了计算思维的操作性定义，认为计算思维作为问题解决的过程包括（不限于）以下步骤：

（1）界定问题，该问题应能运用计算机及其他工具帮助解决。

（2）要符合逻辑地组织和分析数据。

（3）通过抽象（例如模型、仿真等方式）再现数据。

（4）通过算法思想（一系列有序的步骤）形成自动化解决方案。

（5）识别、分析和实施可能的解决方案，从而找到能有效结合过程和资源的最优方案。

（6）将该问题的求解过程进行推广并移植到广泛的问题中。

由此可见，作为问题解决的过程，计算思维先于任何计算技术早已被人们掌握。在新的信息时代，计算思维能力的展示遵循最基本的问题解决过程，而这一过程需要能被人类的新工具（即计算机）所理解并能有效执行。因此，计算思维决定了人类更加有效地利用计算机拓展能力，是信息时代最重要的思维形式之一。

2. 计算思维要素的具体体现

计算思维作为问题解决的过程，不仅需要利用数据和大量计算科学的概念，还需要调度和整合各种有效的思维要素。思维要素作为理论研究和应用研究的桥梁，提炼于理论研究，服务于应用研究，抽象的计算思维概念只有分解成具体的思维要素才能有效地指导应用研究与实践。

3. 计算思维体现出的素质

素质是指人与生俱来的以及通过后天培养、塑造、锻炼而获得的身体上和人格上的性质特点，是对人的品质、态度、习惯等方面的综合概括。具备计算思维的人在面对问题的时候，除了使用计算思维能力加以解决之外，在解决的过程中还表现出一定的素质。例如：

（1）处理复杂情况的自信。

（2）处理难题的毅力。

（3）对模糊／不确定的容忍。

（4）处理开放性问题的能力。

（5）与其他人一起努力达成共同目标的能力。

具备计算思维能力，能够改变学生或者使学生养成某些特定的素质，从而从另一层影响学生在实际生活中的表现。这些素质实际上描绘了一个高度发达的信息社会中合格公民的形象，使普通人对计算思维有了更加深入和形象的理解。

以上三个方面共同构成了计算思维的操作性定义。操作性定义明确了计算思维这个抽象概念在实际活动中现实而具体的体现（包括能力和品质），使这一概念可观测、可评价，从而直接为教育培养过程提供有效的参考。

三、计算思维的完整定义

计算思维的研究包括理论研究与应用研究。理论研究的成果可转化为应用研究中的理论背景给予实践支撑，应用研究的成果则可转化为理论研究中的研究对象和材料。计算思维的概念性定义植根于计算科学学科领域，同时与思维科学、哲学交叉，从计算科学出发形成对计算思维的理解和认识，适用于指导对计算思维本身进行的理论研究。计算思维的操作性定义适用于对计算思维能力的培养以及计算思维的应用研究，计算思维的应用和培养是以实际问题为前提的，目的是在实际理解和解决问题的过程中体会、发展和养成计算思维能力。因此，计算思维的概念性定义和操作性定义彼此支撑和互补，共同构成计算思维的完整定义。计算思维的完整定义指导了计算思维在计算科学学科领域及跨学科领域中的研究、发展和实践。

1. 狭义计算思维和广义计算思维

随着信息技术的发展，人类从农业社会、工业社会步入了信息社会，这不仅意味着经济、文化的发展，同时人类的思维形式也发生了巨大的变化。除"计算思维"概念外，人们还提出了"网络思维""互联网思维""移动互联网思维""数据思维""大数据思维"等新的思维形式概念。如果将概念性定义和操作性定义组成的计算思维称为狭义计算思维，那由信息技术带来的更广泛的新的思维形式可被称为广义计算思维或信息思维。作为现代人类，除了需要具备计算机基础知识和基本操作能力以外，还应该以这些知识能力为载体，在广义和狭义的计算思维能力上得到发展。

2. 计算思维的两种表现形式

计算思维作为抽象的思维能力，不能被直接观察到，计算思维能力融合在解决问题的过程中，其具体的表现形式有如下两种：

（1）运用或模拟计算机科学与技术（信息科学与技术）的基本概念、设计原理，模仿计算机专家（科学家、工程师）处理问题的思维方式，将实际问题转化（抽象）为计算机能够处理的形式（模型）进行问题求解的思维活动。

（2）运用或模拟计算机科学与技术（信息科学与技术）的基本概念、设计原理，模仿计算机（系统、网络）的运行模式或工作方式，进行问题求解、创新创意的思维活动。

四、计算思维的方法和特征

计算思维的方法是在吸取了问题解决所采用的一般数学思维方法、现实世界中巨大复杂系统的设计与评估的一般工程思维方法，以及复杂性、智能、心理、人类行为的理解等一般科学思维方法的基础上所形成的。周以真教授将其归纳为如下七类方法：

（1）计算思维是通过约简、嵌入、转化和仿真等方法，把一个看起来困难的问题重新阐释成一个我们知道问题怎样解决的思维方法。

（2）计算思维是一种递归思维，是一种并行处理，是一种能把代码译成数据又能把数据译成代码的多维分析推广的类型检查方法。

（3）计算思维是一种采用抽象和分解来控制庞杂的任务或进行巨大复杂系统设计的方法，是基于关注点分离的方法。

（4）计算思维是一种选择合适的方式去陈述一个问题，或对一个问题的相关方面建模，使其易于处理的思维方法。

（5）计算思维是按照预防、保护及通过冗余、容错、纠错的方式，并从最坏情况进行系统恢复的一种思维方法。

（6）计算思维是利用启发式推理寻求解答，也即在不确定情况下的规划、学习和调度的思维方法。

（7）计算思维是利用海量数据来加快计算，在时间和空间之间、在处理能力和存储容量之间进行调节的思维方法。

周以真教授以计算思维是什么和不是什么的描述形式对计算思维的特征进行了总结：计算思维是概念化的，是根本性的，是人的思维，是思想，是数学与工程思维的互补和融合，是面向所有人的，而不是程序化，不是刻板的技能，不是计算机思维，不是人造物，不是空穴来风，不局限于计算学科。

五、计算思维能力的培养

1. 社会的发展要求培养计算思维能力

随着信息化的全面深入，计算机在生活中的应用已经无所不在并无可替代，而计算思维的提出和发展帮助人们正视人类社会这一深刻的变化，并引导人们通过借助计算机的力量来进一步提高解决问题的能力。在当今社会，计算思维成为人们认识和解决问题的重要基本能力之一，一个人若不具备计算思维的能力，将在就业竞争中处于劣势；一个国家若不使广大受教育者得到计算思维能力的培养，在激烈竞争的国际环境中将处于落后地位。计算思维，不仅是计算机专业人员应该具备的能力，而且也是所有受教育者应该具备的能力，它蕴含着一整套解决一般问题的方法与技术。为此需要大力推动计算思维观念的普及，在教育中应该提倡并注重计算思维的培养，促进在教育过程中对学生计算思维能力的培养，使学生具备较好的计算思维能力，以此来提高在未来国际环境中的竞争力。

2. 高校要重视运用计算思维解决问题的能力

当前高校开设的计算机基础课的教学目标，是让学生具备基本的计算机应用技能，因此大学计算机基础教育的本质仍然是计算机应用的教育。为此，需要在目前的基础上强调计算思维的培养，通过计算机基础教育与计算思维相融合，在进行计算机应用教育的同时，可以培养学生的计算思维意识，帮助学生获得更有效的应用计算机的思维方式。其目的是通过提升计算思维能力更好地解决日常问题，更好地解决本专业问题。计算思维培养的目的应该满足这一要求。

从计算思维的概念性定义和操作性定义的属性可知，大学阶段应该正确处理计算机基础教育面向应用与计算思维的关系。对于所有接受计算机基础教育的学生，应以计算机应用为目标，通过计算思维能力的培养更好地服务于其专业领域的研究；对于以研究计算思维为目标的学生（计算机专业、哲学类专业研究人员），需要更深入地进行计算思维相关理论和实践的研究。

第二节　以计算思维能力培养为核心的计算机理论教学体系

一、教学理念

《高等学校计算机基础教学发展战略研究报告暨计算机基础课程教学基本要求》（2009年）中明确提出四个方面的能力培养目标：对计算机科学的认知能力；基于网络环境的学习能力；运用计算机解决实际问题的

能力；依托信息科学技术的共处能力。

大学计算机基础教学应打破"狭义工具论"的局限，注重对学生综合素质和创新能力的培养。计算机基础教学不仅要为学生提供解决问题的手段与方法，还要为学生输入和灌输科学有效的思维方式。因此，计算机基础理论教学的重心，由"知识和技能掌握"逐渐向"计算思维能力培养"转变，通过潜移默化的方式，培养学生运用计算机科学的思维与方法去分析和解决专业问题，逐步提高学生的信息素养和创新能力。

二、课程体系

1. 课程定位

《九校联盟计算机基础教学发展战略联合声明》（2010年）中明确提出，要把学生的"计算思维能力培养"作为计算机基础教学的核心任务。这不仅指明了计算机基础课程改革的发展方向，也明确了课程的基础定位。计算机基础课程不仅是学校的公共基础课程，更是与数学、物理同样重要的国家基础课程。不仅国家、学校、教师要提高对计算机基础课程的认识，更重要的是需要每个学生真正认可这种课程定位，并加以重视。

2. 课程内容

大学计算机基础课程承担着培养学生计算思维能力的重任，所以课程内容不仅要包含计算机科学的基础知识与常用应用技能，更应强调计算机科学的基本概念、思想和方法，注重培养学生用计算思维方式与方法去解决学科中的实际问题，提高学生的应用能力和创新能力。

我们应根据全新的计算机基础教学理念，来组织和归纳知识单元，梳理出计算思维教学内容的主体结构。教学内容要强调启发性和探索性，突出引导性，激发学生的思考，实现将知识的传授转变为基于知识的思维与方法的传授，逐步引导学生建构起基于计算思维的知识结构体系。教学内容要强调实用性和综合性，设计贴近生活、采用具有实际操作性的教学案例，引导学生自主学习与思考，体会问题解决中所蕴含的计算思维与方法，并逐步内化为自身的一种能力。课程内容要保持先进性，将计算机学科的最新成果及时融入教材，引导学生关注学科的发展方向。

（1）调整与整合课程内容

对原来的计算机基础课程内容进行改革与调整，首先，压缩或取消学生在中学阶段已学习过的内容，如操作系统和常用办公软件的介绍和操作等内容。其次，原先的课程内容多而繁杂，降低了学生的学习兴趣，也与日益减少的课时形成鲜明对比，所以应适当删减那些令人晦涩难懂的专业名词和过于复杂的系统细节，把课程内容的重点放在介绍计算环境的构成要素和抽象问题求解的方法上。最后，要将课程内容模块化，例如将计算机环境分为计算机系统、网络技术与应用、多媒体技术、数据库技术与应用等教学模块，每个模块应选择基于计算思维的相关知识点为模块内容，结合相关实际案例，让学生体会抽象问题求解方法的过程。

重新规划和整合大学计算机基础课程体系，在计算机组成原理、数据结构、数据库技术与应用等主干课程中，增加具有计算思维特征的核心知识内容。在课程内容组织中，适当增加一些"问题分析与求解"方面的知识，希望通过对计算机领域的一些经典问题的分析和求解过程的详细讲授，来培养学生的计算思维能力。经典问题有梵天塔问题、机器比赛中的博弈问题、背包问题、哲学家共餐问题等。此外，以典型案例为主线来组织知识点，并将案例所蕴含的思维与方法渗透其中，以此来培养学生的计算思维能力。

课程内容的更新速度永远跟不上计算机技术的发展速度，甚至有可能内容还未更新而技术就已经落伍了。但是，多年来，不论计算机技术如何层出不穷，应用如何令人应接不暇，支撑这些变化的是一些永恒经典的东西——二进制理论、计算机组成原理、微机接口与系统理论、编码原理等。这些永恒经典便是计算机基础课程的核心内容，所以培养学生的计算思维要从学习这些永恒经典内容开始。

（2）设置层次递进型课程结构

计算机基础课程体系以培养学生计算思维能力和基本信息素养为核心目标，包含必修、核心、选修三层依次递进的课程，是一个从计算机基本理论和基本操作到计算机与专业应用相结合，从简单计算环境认识到复杂问题求解思维形成的完整课程体系。

科学合理的课程结构设置对学生建构良好知识体系具有重要意义，我们可以在整个大学计算机基础教学过程中采用层次递进、循序渐进的课程设置方式。在一年级开设计算机基础类课程，帮助学生初步认识和了解计算机学科。在二、三年级开设计算机通识类课程（如图形处理、网页制作等），加深学生认识，引发学习兴趣。最后，在高年级开设与专业相交叉的计算类课程，如在管理类专业开设数据库技术与应用课程，在艺术类专业开设多媒体技术课程，在理工类专业开设程序设计类课程等，引导学生以计算机为工具来解决专业问题，培养学生形成多种可以用于解决专业问题的计算思维能力。

（3）计算机基础课程与专业课程相融合

计算机基础课程的教学目标是培养学生的计算思维能力，使其能利用计算机科学的思想和方法去解决专业问题，所以计算机基础课程教学的最终落脚点是服务于学生的专业教育。促进计算机基础课程与专业课程的整合与协调，实现计算机基础教育向专业教育靠拢。具体措施有：将全校专业按专业属性划分类别，如文史类、理工类、艺术类等，并根据专业类别特点制订不同的教学计划；根据教师的专业方向和兴趣爱好，建立不同专业的计算机基础教学教师团队，要求教师在教学中要充分考虑学生的专业需求，选择与学生专业相关的教学内容。

三、教学模式

计算思维能力是基于计算机科学基本概念、思想、方法的应用能力和应用创新能力的综合体现。计算思维能力要求学生不仅能够运用计算机科学的思维方式和方法去分析、解决问题，而且还能运用其进行开拓创新型研究。对于非计算机专业的学生来说，计算思维能力培养的重点是采取什么的策略能促进学生理解计算思维的本质，并将其内化于思维之中进而形成计算思维。

在传统的大学计算机基础课程教学模式中，计算思维能力一直隐藏于其他能力培养中，比如应用能力、应用创新能力等，现在我们要将其剥离出来，直接展示给学生，并贯穿于整个教学体系中，使其最终成为学生认识问题、分析问题以及解决问题的一种有效本能工具。

1. 分类教学模式

分类教学模式是以专业属性特点为整合依据，将所有专业划分为几个大类别，如理工类、文史类、管理类、艺术类等，按类别分别构建计算机基础课程体系，同时按类别分别实施不同的教学方法和灵活安排不同的教学策略。在教材编写上，我们可以进行分类设计，并对各个章节进行分类编写，以满足学生的不同专业需求。在教学活动的开展上，分类制定教学目标，分类设计教学大纲，并根据各专业学习的不同需求，选择与专业类别相符的教学内容、实验内容以及技能训练，逐步提高学生计算机学习和专业应用相结合的能力。

2. 多样化的教学组织形式

除采用传统的课堂授课形式外，我们还可采用专题、研讨以及定期交流等不同形式给学生讲授知识。我们应在教学的各个环节中，有意识地融入思维训练，实现专业知识和计算思维能力相互促进与提高，不断提升学生的应用能力和应用创新能力。

3. 以学生自主学习为主的教学

近年来，计算机技术的高速发展和快速普及，使大学计算机基础理论教学内容涉及的领域越来越广，知识点多而烦琐，另外，师资力量、配套设施以及授课时间等严重不足，所以有必要将一些基础常识性知识交给学生自主学习，这不仅节省了教学时间，提高了教学效率，还激发了学生学习的积极性。学校应加强网络教学资源平台建设和课程内容改革，完善学生自主学习的环境，要将计算机基础课程与专业学习紧密结合，将课程作业转化为专业任务，激发学生学习动机；建立教师辅导机制和全方位的自我监控学习机制，帮助学生查漏补缺，通过完成任务，在提高学生兴趣和自信心的同时，还提高了学生的学习自主性。

四、教学方法

1. 案例教学法

相比枯燥的、以简单罗列抽象理论知识为主要形式的传统教学方法，案例教学法更能激发学生的学习兴趣，促进学生积极思考。将案例教学法引入计算机基础课程教学中，用源自社会、生活、经济等领域的典型案例来调动学生的积极性，将案例与知识点相结合，深化学生对知识点的理解和掌握。教学案例在体现计算思维的基础上，应与学生的专业相联系，要明确计算思维和专业应用的关系。案例教学强调通过师生讨论问题，引导学生自主思考、归纳和总结，并且要有意识地训练学生的思维，让学生体会和理解如何用计算机科学的思维和方式去解决专业问题，进而培养学生的计算思维能力。

将典型案例引入课堂教学中，可以调动学生自主学习的积极性，激发学生的创造性思维，提高学生的独立思考能力和判断力。同时，各种案例还可以让学生感受到知识中所蕴含的思维与方法之美妙，将知识化繁为简，帮助学生深入认识知识之间的内在规律性和相互关联性，在头脑中形成稳定而系统的知识结构体系。

案例教学法的具体操作流程如下：第一，在教学中通过恰当的方式引入问题。第二，引导学生自己分析问题，并将问题抽象为计算机可以处理的符号语言表达形式。第三，在教师的指导下，学生学会利用计算机的思维与方法来解决问题。第四，教师详解在问题解决过程中所涉及的计算机知识。第五，学生自己总结与归纳所学到的知识与技能。第六，教师通过布置作业来检验教学效果。

2. 辐射教学法

计算机基础课程属性决定了其内容必然是"包罗万象、杂乱无章"，有限的课时也决定了教学是做不到面面俱到的。我们可以选择典型的核心知识点为授课内容，采取以点带面的辐射式教学方法，以核心知识为圆心，帮助学生学习其他的知识内容，达到触类旁通的效果。

3. 轻游戏教学法

为改变课程内容枯燥无味、学生学习兴趣降低等困境，可将教学内容以轻游戏形式展示给学生，帮助学生以简单的应用方法、低开发强度和高实用性提高学习兴趣，进而实现教育功能。以程序设计类课程为例，教师可通过将一些经典算法案例以轻游戏的形式传授给学生，如交通红绿灯问题、计算机博弈等，这对培养学生的程序设计思维能力有很大的帮助。

4. 回归教学法

在计算机基础教学中，培养学生具备利用计算机解决问题的方式去分析问题以及解决问题的能力是非常重要的。如何培养学生将实际问题转化为计算机可以识别的语言符号的抽象思维能力一直是教学工作中的难点，而回归教学法可以很好地解决这个问题。计算机科学的很多理论源自实际应用，而回归教学法就是将理论回归到问题本身，将理论教学与讲授原型问题解决过程相结合，引导学生认识和理解计算机是如何分析和解决这些问题的，逐步培养学生的抽象思维、分析以及建模能力。回归教学法是一个从实际到理论，再从理论到实际的循环往复过程，有助于不断提高学生思维的抽象程度。

五、教学考核评价机制

1. 完善理论教学的考核机制

（1）注重思辨能力考核

课程考核的重心以思辨能力考核为主，学生的学习重心将转移到对思维、方法的掌握。课程考核应适当增加主观题的比例，重点考查学生对典型案例的解决思路与方法，提倡开放型答案，鼓励学生从计算机与专业相结合的视角来阐述自己的观点。

（2）调整各种题型的比例与考核重点

首先，在机考中增加多选题型的比重，并通过增加蕴含益于计算思维培养的考题，来促进学生对知识以及思想和方法的掌握。其次，填空题型应重点强调对思维与知识结合点的考核，以蕴含思维的知识点为题干，以正确解决问题所需的思维为答案，实现思维与知识点的完美结合。最后，综合题型的考核应侧重于知识点以及思维方法与专业应用问题的结合。

（3）布置课外大作业

大作业是教师根据教学进度和课程需要为学生布置的，并要求在规定时间内完成的课程任务。大作业的选题要广泛，要求学生做作品。学生为完成作业，必须查看很多相关资料，学习相关的应用软件，例如创建一个网站就需要学习网页制作知识，制作一个图书管理系统就需要学习数据库知识，制作一个网络通信程序就需要学习网络编程知识。学生可以独立或者几个人合作来完成大作业。大作业要充分体现已学知识点中所蕴含的计算思维与方法，问题解决上要反映出计算思维的处理方法，并且大作业要体现各个专业的普遍需求。加大课外大作业在学生课程考核体系中的比重，必将提高学生参与合作、进行有效思维的积极性。

2. 建立多元化综合评价体系

学生的学习是一个动态连续发展的过程，仅靠期末考试成绩不能准确反映学生真实的学习效果，因此我们应改变过去以总结性评价为主的学生评价体系，积极构建以诊断性评价、过程性评价、总结性评价为基准的多元化学生综合评价体系。学生综合评价体系应当在对学生学习积极性、课堂出勤与表现、作业以及考试成绩等方面进行考核的基础上，适当增加对学生思维能力以及创新能力的考核。科学合理地安排不同考核的比例分配，积极创新考核形式与方法，不断提高和完善学生综合评价体系的建设水平。

此外，教师教学效果的评价体系也是整个评价机制的重要组成部分。我们可以通过完善教学督导制度、学生网上评教制度以及定期举行教学观摩课和青年教师授课大赛来不断提升教师的教学水平，进而提高教学质量。

六、教学师资队伍建设

针对学生的专业背景不同，我们应吸收具有不同专业背景并从事不同计算机教学与研究的教师组成新型的师资队伍，并针对不同的专业背景设计教学方案和进行有的放矢地教学，使学生了解和掌握计算机在不同专业学习中的应用以及解决专业问题所涉及的计算思维和方法，将计算机学习与专业学习紧密结合，加深学生对计算机在专业应用中的认识，进而提高学生的应用能力和应用创新能力。

七、理论教材建设

教材是推广和传播课程改革成果的最佳载体，既要具备先进性和创新性，又要兼顾适用性；既要体现先进的教育理念和计算机基础理论教学改革的最新成果，还要适合本校计算机基础理论教学的实际发展状况。教材建设在注重计算机基础知识和基本技能的基础上，要结合学生的专业学习。在"计算思维能力培养"的新型理念指导下，我们要科学调整教材结构体系，系统规划教材内容，编写特色鲜明的高质量课程教材。

此外，我们可以尝试一种新型教材编写的思路，即在专业学科的知识框架下，以本专业的经典应用案例为引入点，来讲授该应用所反映的计算机知识内容，详细分析如何对问题建立模型，提取算法，将问题抽象转化为计算机可以处理的形式。这种教材编写模式对培养学生的计算机应用能力和计算思维能力具有革命性意义。

第三节 以计算思维能力培养为核心的计算机实验教学体系

2006年，我国第一个国家级计算机实验教学中心成立于北京航空航天大学。2007年，北京大学计算机实验教学中心、西安交通大学计算机实验教学中心、清华大学计算机实验教学中心、电子科技大学计算机实验教学中心、同济大学计算机与信息技术教学实验中心、兰州交通大学计算机科学与技术实验教学中心、哈尔滨工业大学计算机科学与技术实验中心、杭州电子科技大学计算机实验教学中心、东南大学计算机教学实验中心等9家单位，成为第二批国家级计算机实验教学示范中心。

计算机学科是一个非常重视实践的学科，我们的任何想法最终都要通过计算机来实现，否则就是空中楼阁、虚无缥缈。实验教学是大学计算机基础教学的重要组成部分，在培养学生动手实践能力、分析和解决实际问题能力、综合运用知识能力以及创新能力等方面起着不可替代的作用。我们要在以培养拔尖创新人才为目标，与理论课程体系相衔接，与学生专业应用需求相结合的基础上，逐步形成以培养计算思维能力和创新能力为主线的多层次、立体化计算机基础实验教学体系。

一、教学理念

实验教学既是从理论知识到实践训练来实现学生知行统一的过程，又是培养学生综合素质和创新能力的过程。实验教学要以为国家培养高水平拔尖创新人才为目标，以"理论与实践并重、专业与信息融合、素养与能力并行"为指导思想，以"学生实践能力和创新能力培养"为核心任务，将计算机基础实验教学与理论教学、实验教学与专业应用背景、科研与实验教学相结合，积极构建科学合理的分类分层实验课程体系，创新实验教学模式与方法，改善实验教学环境，提倡学生自主研学创新，注重学生个性发展，在实践中激发学生的创新意识，不断提高学生的应用能力和应用创新能力。

二、课程体系

以"计算思维能力培养"为大学计算机基础教学改革的核心任务，深入研究不同专业的人才培养目标和各个专业对计算机的应用需求，并结合不同专业学生的特点，建立基础通识类、技术应用类、专业技术类三个层次的实验课程体系，并且每类课程都包含基础型实验项目、综合型实验项目、研究创新型实验项目，以满足不同层次人才的培养要求。实验项目的选择和设计要紧密联系实际应用，强调趣味性和严谨性，要反映不同专业领域的实际应用需求，以激发学生的兴趣，拓展学生的创新思维空间，培养学生的科学思维和创新意识。

基础通识类实验课程以基础验证型实验为主，帮助学生验证所学理论知识和掌握基本操作技能，并且将"主题实践"贯穿于整个实验教学之中，要将基本操作和技能综合运用到具体的实验项目中。

技术应用类实验课程注重学以致用，以综合型实验为主，强调实验的应用性，通过淡化理论知识，强调计算思维与方法的运用，培养学生分析问题和解决问题的能力。

专业技术类实验课程强调计算机科学与学生专业的相互融合，培养学生利用计算机科学的思维与方法去解决实际专业问题的能力。课程中综合型实验和研究创新型实验的所占比例大幅提高，力图对学生在创新思维、科研能力、动手实践能力、团队合作等方面进行全面训练，不断提高学生的自主学习能力、综合应用能力和创新能力。

我们在教学中要根据学生的兴趣爱好和专业学习，增设学生可自由选择的实验模块，并且要科学合理地安排不同实验的比例，保障和优化基础层实验，重视综合层实验，适当增加研究创新层实验。每类实验的设计要尽量实现模块化、积木化，以满足学生的不同需求，便于学生根据自己的专业特点自主选择实验内容，促进学生的个性化发展，实现培养多层次高素质人才的目标。

三、教学模式

根据高等学校计算机基础课程教学指导委员会公布的关于"技能点"的基本教学要求，以培养学生的计算思维能力为核心，以培养多层次的高素质人才为目标，以学生的自身水平和专业特点为依据，科学制定每类课程的实验教学大纲，针对不同的专业，选择不同的实验项目，安排不同的实验时数，实施不同的实验教学方法，将课内实验与课外实验紧密结合，逐步完善计算机基础实验教学体系。

1. 分类分层次的实验教学模式

不同专业对学生的计算机应用能力的要求不同，计算机基础教学应该与之相适应。我们对这些不同需求进行分析和归类后，将专业划分为理科类、工科类、文史类、经管类、医学类、艺术类等几个大类，然后分别实施分类实验教学，并根据学生的自身水平和发展定位，实行分层次培养，逐步完善与计算机基础理论教学相配套的实验教学体系。

2. 开放式的实验教学模式

计算机基础实验教学要以开放式学习为主，学生在教师的引导下，不断提高自主学习的能力。在一些综合性较强的实践教学活动中，学生以小组为单位，讨论和分析问题，并自行设计和实施解决方案，让每个学生都充分表达自己的想法，激发他们的创新思维和培养他们的创新能力。

3. 任务驱动式教学模式

在计算机基础实验教学中，任务驱动式教学是一种基于计算思维的新型教学模式。在这种教学模式中，教师的主要工作是基本操作演示、提出任务和呈现任务、实验指导、总结归纳。学生在教师的指导下，通过自主学习和相互讨论，利用计算机科学的思维和方法去分析和解决问题。任务驱动式教学模式是教师选取贴近学生日常生活的计算机应用问题作为实验任务，如设计一个图书馆管理系统、超市商品管理系统、电子商务网站等，促进学生形成强烈的求知欲望，在教师的指导下学生通过自主探索学习或小组相互协作，选择合适的计算方法或编程工具，在不断地调试和修改中最终完成任务。任务驱动式实验教学模式充分发挥了学生学习的积极性和主动性，在强调学生掌握基本操作技能的基础上注重培养和提升学生的计算思维能力。

四、教学方法

计算机技术的快速发展促进了实验教学方法和手段的不断变革，我们要以先进的教育理念为指导，将先进的计算机技术与实验教学内容、方法和手段相结合，推动计算机基础实验教学的改革。

计算机基础实验教学要以学生为主体，因材施教，针对不同的实验项目、不同的学习对象、不同的专业背景，采用不同的实验教学方法或者是多种方法相结合，激发学生的实践创新主动性，实现培养学生实践能力和创新能力的教学目的。比如，对于基础型实验项目，主要采用教师现场演示与指导的教学方法；对于综合型实验项目，可采用学生分组互动讨论的教学方法；对于研究创新型实验项目，可采用开放式（学生自主实践）的教学方法。另外，其他的一些教学方法，如网络教学可以运用于学生的课外实践活动中，目标驱动式教学可以运用于各类实验项目教学之中。在很多实验项目的实际教学中，往往会同时采用多种形式的教学方法，以此来提高课堂教学效果。以下介绍几种常用的实验教学方法。

1. 目标驱动式教学方法

教师提出实验目标与项目，学生在教师的指导下自主完成实验的各个环节，例如查阅资料、设计方案、上机操作与调试、实验结果测试以及实验报告撰写等。这种教学方法有助于培养学生的自主学习能力，可以提高学生的实践能力和自主创新能力。

2. 开放式自主实验教学方法

在现有实验环境的基础上，学生根据自己的专业特点和兴趣爱好来自主选择指导教师和实验项目，教师进行适当的实验指导，学生自主完成整个实验过程。开放式自主实验教学方法重视培养学生的自主学习能力和创新能力。

3.小组互动讨论式教学方法

教师将学生分成若干个小组，并引导学生在师生之间、小组之间以及组内成员之间讨论实验的设计方案、方法等，激发学生的参与热情，提高学生的语言表达与沟通能力，培养学生的团队协作精神。

五、教学考核评价机制

实验教学考核要突出对学生能力的考核，注重学生的学习过程，对学生的实验过程进行多点跟踪，如参与积极性、贡献程度等，除利用实验课程管理系统对学生的实验过程进行跟踪外，还可要求学生提供实验进度报告，以方便教师实时指导和检查，控制学生的实验进度。

对于程序设计和实践操作类实验课程应逐渐取消笔试，采用上机操作或编程的"机考"，打破学生靠"死记硬背"来应付考试的传统，促进学生平时多思考、多实践、多操作，锻炼学生的科学思维和实践操作能力。

实验教学考核的目的是客观而准确地评价学生的实验过程与实验质量，以促进学生提高自己的实践能力与创新能力。由于计算机基础实验教学中实验形式多样化，强调过程与结果并重，所以我们应构建多样化的实验教学考核体系。这种考核体系包含四种考核形式：平时实验考核、期末机考、实验作业考核、研究创新考核。其中平时实验考核重点考查学生平时的实验过程表现和出勤情况；期末机考重点考查学生的基本操作技能和综合应用能力，要实现无纸化考试；实验作业考核考查学生的自主学习能力、综合应用能力以及创新能力，学生可根据自己的专业自主选择实验题目，自由组成团队，自主设计和实施解决方案，最后教师根据学生提交的实验程序和实验报告，以及现场演示和答辩的表现情况给出成绩；研究创新考核是为了鼓励学生积极参与各种形式的科研活动和计算机竞赛活动而设立的，以培养学生的探索精神、科学思维、实践能力和创新能力为宗旨。实验考核体系要充分考虑实验教学的各个环节，对学生形成全面、客观、准确的评价，提高学生对实验教学的重视程度。

我们要根据每类实验课程的要求和特点来采用不同组合的考核形式，并科学调整考核形式之间的比例关系，如基础通识类课程可采用平时实验10%+期末机考60%+实验作业30%的考核体系；技术应用类课程可采用平时实验10%+期末机考40%+实验作业50%的考核体系；专业技术类课程可采用平时实验10%+实验作业50%+研究创新40%的考核体系。

六、教学师资队伍建设

要形成一支热爱实验教学，教学和科研能力较强，实验教学经验丰富且敢于创新的实验教学队伍；逐步优化师资队伍在学历结构、职称结构以及年龄结构等方面的配置；支持和鼓励教师积极投身于实验教学教材的编写和实验教学设备的自主研制工作；鼓励教师将科研开发经验与计算机基础实验教学相结合，在不断提高自身科研水平的基础上，开发与设计一些高水平的综合性实验项目，丰富实验教学内容；逐步完善教师的培养培训制度，促进教学队伍知识和技术的与时俱进；完善教师管理体制，吸引来自不同学科背景的高素质教师参与和从事计算机基础实验教学和改革工作，逐步形成以专职教师为主、兼职教师为补充的混合管理体制，实现人才资源的互补与交融。

七、实验教材建设

实验教材建设是大学计算机基础实验教学工作的重点之一。实验教材建设要突出"快""新""全"。所谓"快"就是实验教材建设要跟上计算机技术快速发展的步伐，及时更新教材内容；所谓"新"就是将计算机科学的最新研究成果和前沿技术融入教材，将实验教学的最新成果及时固化到教材中；所谓"全"就是大学计算机基础实验教学中的所有主干课程均有配套的实验教材或讲义。

实验教材的编写方式有两种：独立的实验教材、理论和实验合一的教材。前者是在编写理论教材的同时，编写与之配套的实验教材，帮助学生在上机时有明确的实验目标和详细的实验参考资料。后者强调教材要使理论与实际应用紧密结合，并在内容的组织上突出对计算机操作技能的要求。根据实验课程的特点来选择教材的编写方式，强调实践操作和实际应用的课程（例如微机原理与接口技术、多媒体技术与应用、计算机网络技术与应用等课程）可编写专门的实验教材，而强调基础知识与技术的课程（例如大学计算机基础、程序设计语言等课程）可编写理论与实验合一的教材。

我们要坚持走持续发展式实验教学改革之路，紧跟计算机技术的发展步伐，适应计算机技术更新频率快的特点，积极参与世界先进理论与技术的讨论与研究，密切关注计算机科学的前沿与发展趋势，及时调整实验教学体系与课程内容，将先进的技术、工具、方法、平台积极纳入实验教学之中。

我们应积极推动计算机基础实验教学理念、课程体系、教学模式与教学方法、教学资源库建设等方面的改革，培养具有较强创新意识、科学思维能力、基础扎实、视野开阔的多层次高素质创新人才。以实验室硬软件环境建设为基础，不断提高教学资源的共享与开放水平；以教学体系和管理体制改革为核心，不断提高实验教学队伍的整体素质水平；以科研来带动实验教学，不断提高计算机基础实验教学质量。

第四节 理论教学与实验教学协调优化

一、理论教学与实验教学统筹协调的教育理念

理论性和实践性是计算机学科的两个显著特点，除通过理论教学外，实验教学也是培养学生计算思维能力的重要途径。计算思维能力的培养离不开丰富的实践活动，它是在不断的实践中逐渐形成的。理论教学是学生获取知识和技能的主要途径，是学生掌握科学思想与方法，提升科学能力，形成科学品质，提高科学素养的主要渠道。但是，如果只停留在理论教学层面，学生学到的知识就如同纸上谈兵。学生只有经过自己实际动手操作的实践过程，才能深刻领悟解决问题所采用的思维与方法，同时结合理论学习，会加深对计算思维的理解并汲取相应的思维和方法。实验教学是大学计算机基础教学的重要组成部分，对培养学生综合运用计算机技术以及用计算思维处理问题的能力等方面具有重要意义。所以，我们应打破实验教学依附于理论教学的传统观念，树立理论教学与实验教学统筹协调的教育理念。

1. 理论教学与实验教学的协调关系

在知识建构方面，教育主要实现两个目标：第一个目标是尽可能地让学生积累必要的知识，第二个目标是需要引导学生不断地把大脑中积累和

沉淀的知识清零，使其回到原始状态和空灵状态，让大脑有足够的空间发展新智慧。理论教学重在向学生"输入"知识，使学生处于吸收社会所需知识的持续积累过程，实现了教育的第一个目标。学生大脑接受新知识的容量因个体差异而不同，但终究是有限度的。因此，积累的知识如果没有得到"释放"，新的知识就难以进入大脑，这就是为什么"填鸭式"教学效果不佳的原因。实验教学重在将知识转变或内化为能力，就是将积累和沉淀的综合知识经过体验、感知和实践得以"释放"，这种"释放"并不是知识的减少，而是转化为学习主体的某种素质或某种能力，从而实现了教育的第二个目标。

理论教学和实验教学是矛盾对立的统一体，其对立性表现在理论教学向大脑"输入"知识，使知识不断增加，而实验教学将知识不断"释放"出大脑，使大脑原有储存和积累的知识不断减少；其统一性表现在二者统一于学习主体知识传授、素质提高、能力培养这个循环体中，学生进入使用知识的状态时，将在获得知识的同时发展相关的思维能力，更重要的是对知识的理解、运用和转化的能力。理论教学与实验教学是整个教学活动的两个分系统，它们既有各自的特点和规律，又处于一定的相互联系中。若两种教学形式各行其道，互不联系，就违背了教学规律。所以，必须正确把握二者之间的关系，将其有机地融合起来，使教学活动成为理论教学和实验教学相互影响和相互促进的整体。

（1）传授知识与同化知识相互协调

知识不可能以实体的形式存在于个体之外，尽管理论教学通过语言赋予了知识一定的外在形式，并且获得了较为普遍的认同，但这并不意味着学生对同一知识有同样的理解。只有在思维过程中获得的知识，而不是偶然得到的知识，才能具有逻辑的使用价值。个体针对具体问题的情境对原有知识进行再加工和再创造，这就是实验教学对知识接受者的同化过程。理论教学注重培养学生的陈述性知识，侧重于基础理论、基本规律等知识的传授，从理性角度挖掘学生的潜力，使学生的思维更具科学性；实验教学注重培养学生的程序性知识，侧重于拓展和验证理论教学内容，具有较强的直观性和操作性，把抽象的知识内化为能力和素质，从感性的角度培养学生的实践操作能力、分析问题和解决问题的能力，提高学生的综合素质。建构主义学习理论认为，知识是学生在一定的情境即社会文化背景下，借助他人（包括教师和学生）的帮助，利用必要的学习资料，通过建构意义的方式而获得的，即通过人际的协作活动而实现。这种知识的获得仅通过理论教学是无法实现的，只有通过实验教学，学生间、教师与学生间的协作才能实现。在高等学校的人才培养过程中，只有理论教学和实验教学互相协调、相得益彰，才能使学生更好地接受知识和领悟知识。

（2）提高素质与顺应素质相互协调

人的素质是指构成人的基本要素的内在规定性，即人的各种属性在现实的人身上的具体实现，以及它们所达到的质量和水准，是人们从事各种社会活动所具备的主体条件。素质是主体内在的，具有不可测量性，人的素质决定了知识加工和创造的结果。从教育的功能看，素质教育是人的发展和社会发展的需要，是以全面提高全体学生基本素质为根本目的，以尊重学生主体地位和主动精神、注重形成人的健全个性为根本特征的教育。素质教育贯穿高等院校人才培养过程的始终。目前，高等院校理论课程体系中渗透了很多素质型知识。由于高等院校教学条件和师资有限，教师只能进行"批量化的套餐式"教育，素质的内在规定性决定了仅靠理论教学难以达到提高学生素质的目的。实验教学通过模拟和仿真现实经济环境，学生根据自身的感知和理解，会发现理论教学框架下建构的知识与现实经济环境不一致的地方，不得不按照新的图式重新建构，这种重新建构的图式将因个人素质不同而相异，是一种"个性化自助式"的顺应素质过程。在整个教学活动中，提高素质—顺应素质—再提高素质—再顺应素质是一个往复循环的过程，起点和终点之间存在着难以辨识的因果关系。从教学体系看，只有理论教学提供了顺应素质的素材，实验教学在素质教育的过程中才能实现顺应素质的功能。提高素质和顺应素质必须相互协调，从符合学生认知规律的角度出发，将提高素质和顺应素质有机结合，才能实现理论教学和实验教学在素质教育中的最大效用。

（3）培养能力与平衡能力相互协调

一个人素质的高低通过能力来加以衡量。建构主义认为能力是指"人们成功地完成某种活动所必需的个性心理特征"。它有两层含义：一是指已表现出来的实际能力和已达到的某种熟练程度，可用成就测验来测量。二是指潜在能力，即尚未表现出来的心理能量，通过学习与训练后可能发展起来的能力与可能达到的某种熟练程度，可用性向测验来测量。心理潜能是一个抽象的概念，它只是各种能力展现的可能性，只有在遗传与成熟的基础上，通过学习才可能转化为能力。能力很难衡量，但却有高低之分。其中，能力培养的终极目标就是培养具有创新能力的高层次人才。创新能力的实现并不是一蹴而就的，而是通过低级能力向高级能力逐级实现的，当一种低级别的能力实现后，学生将向高一级别的能力进行探索和追求，学生个体通过自我调节机制使认知发展从一个能力状态向另一个能力状态过渡，这正是建构主义理论的平衡状态。理论教学为培养学生能力嵌入能力型知识，获取知识后形成能力；实验教学通过"干中学"引导学生由一种能力状态向高级别能力状态探索，在探索过程中，需要理论教学的支持。创新能力就是在这种平衡—不平衡—平衡过程中催生出来的。

2. 理论教学与实验教学的统筹协调原则

高等院校的人才培养质量，既要接受学校自身对高等教育内部质量特征的评价，又要接受社会对高等教育外部质量特征的评价。以提高人才培养质量为核心的高等院校人才培养模式改革，必须遵循教育的外部关系规律与教育的内部关系规律，理论教学与实验教学统筹协调模式的设计应注重社会需求与人才培养方案协调。在坚持这一原则基础上，根据理论教学与实验教学的协调关系，还要坚持实验教学体系与理论教学体系必须统筹协调这一原则。此外，能力培养是教育的终极目标，因此还要坚持知识传授、素质提高、能力培养这一原则。

（1）社会需求与人才培养方案相协调

高等院校教学改革的根本目的是提高人才培养质量。教育学理论研究专家潘懋元指出，教育必须与社会发展相适应，教育必须受一定社会的经济、政治、文化所制约，并为一定社会的经济、政治、文化的发展服务。高等院校的人才培养质量有两种评价尺度：一种是社会的评价尺度。社会对高等院校人才培养质量的评价，主要是以高等教育的外显质量特征即高等院校毕业生的质量作为评价依据，而社会对毕业生质量的整体评价，主要是评价毕业生群体能否很好地适应国家、社会、市场的需求。另一种是学校内部评价尺度。高等院校对其人才培养质量的评价，主要是以高等教育的内部质量特征作为评价依据，即评价学校培养出来的学生在整体上是否达到学校规定的专业培养目标要求，学校人才培养质量与培养目标是否相符。教育的外部规律制约着教育的内部规律，教育的外部规律必须通过内部规律来实现。因此，高等院校提高人才培养质量，就是提高人才培养对社会的适应程度，考证社会需求与培养目标的符合程度。

（2）实验教学体系与理论教学体系相协调

实验教学与理论教学是一个完整的有机联系的系统，只有课程体系的总体结构、课程类型和内容等在内的各个要素统筹兼顾，才能达到整体最优化的效果。把传统的教学过程中的课堂教学和实验教学分为彼此依托、互相支撑的两个有机组成部分，让课堂知识在实践过程中吸收和升华。根据人才培养目标和实验教学目标的形成机制和规律，在构建实验教学体系时，必须注意实验教学与理论教学的联系与配套，同时兼顾实验教学本身的完整性和独立性。在教育理念指导下，学校总体人才培养目标衍生出理论课程教学目标和实验课程教学目标，根据社会需求与人才培养方案相协调的原则，产生理论教学课程体系和实验教学课程体系。在统筹兼顾的情况下，理论教学和实验教学课程体系联合产生专业教学计划，以满足学习主体岗位选择需要、行业选择需要和个性化选择需要。

（3）知识传授、素质提高以及能力培养

知识、素质、能力是紧密联系的统一体。自柏拉图以来，许多教育家一直都倡导这样一种观点：教育不仅是授予知识，而且还在于训练并形成能力。瑞士著名教育家戈德·斯密德也指出，大学教育应在传授知识的同时着重培养学生的多种能力。素质作为知识内化的产物，提高素质并外显为能力是教育教学的终极目标。最终实现知识内化为素质，素质外显为能力，主体在知识同化、素质顺应过程中达到能力平衡。个体素质和能力的不同对知识的理解和应用知识的能力会产生很大偏差。实践中，很多学生在利用科学知识过程中产生出谬论和错误的结果，其原因不在于知识的正确性，而在于其本身素质和能力尚未达到理解和应用知识的高度上。因此，在设计人才培养模式时，要注重知识传授、素质提高、能力培养的相互协调，这样才能相得益彰。

二、"厚基础、勤实践、善创新"的教学目标

"精讲"是相对于理论教学而言的，教师要精选知识点来重组教学内容，讲课要突出重点和难点，讲授内容"精髓"，启发学生思维，引导学生思考；"多练"是相对于实验教学而言的，适当调节理论教学课时与实验教学课时的分配比例，让学生有更多的时间上机练习相关的计算机技术与方法。教学理念上，总体指导思想是由无意识、潜移默化变为有意识、系统性地开展计算思维教学，讲知识、讲操作的同时，注重讲其背后隐藏的思维；教学方法上，突出应用能力和思维能力的培养，通过教学方法的改革展现计算机学科的基本思想方法和计算思维的魅力。

1. 理论教学方面

理论教学目标从知识传授转变为基于知识的思维传授。学生在学习计算机理论性稍强的内容，如计算机系统组成、计算机中数的表示时，感到抽象难懂，但这些内容又是理解和认识计算机学科的基础。教师在讲授这样的内容时应精心设计教学内容、案例，挖掘隐藏在知识背后的思维，讲授时简化细节，突出解决问题的思路。转变先教后学的教学方式为先学后教。大一新生对计算机基础课程中很多内容已有不同程度的掌握，学习这部分内容时，可以在讲授前通过给学生布置任务、作业，让学生结合具体

的任务或问题先自学，教师课堂上引导学生对问题进一步理解，这样能使学生更深刻理解学习内容，培养自主学习能力，训练思维。一些内容还可让学生先准备，课堂上以讨论的方式进行，如计算机的历史与未来、计算机对人类社会发展的影响、身边的信息新科技等内容，让学生在上课前先思考、学习，课堂上教师引导学生有效地思考、讨论，逐步开拓思维，培养学生分析问题的能力。

2. 实验教学方面

实验教学目标应注重实用性、趣味性和综合性。实验教学是计算机基础教学的重要环节，对培养学生计算机应用能力起着至关重要的作用。目前，计算机基础实验教学中还存在许多问题，如教学内容更新缓慢、学习的内容往往不是当前的主流技术；实验内容选取脱离学生学习生活实际，与学生所学专业脱节，不能学以致用，难以激发学习兴趣；实验内容安排不够紧凑，教师的答疑引导不及时；上机实践过程的监控管理不到位等。针对这些问题，在实验教学中应注重做好以下几方面的工作：

（1）紧跟计算机技术的发展，及时更新教学内容、实验环境

学生学到当前主流技术，才能够强化实际应用能力，培养实用型的计算机应用人才。设计实验内容时，应增强趣味性，案例贴近学生实际并结合学生所学专业，以激发学生学习兴趣，引起心灵共鸣。在实验内容设计时，除一些让学生掌握基本知识、技能的基本型题目，还应适当设计一些综合性的题目，让学生感到所学内容实用、有用，能解决学习生活中的实际问题。

（2）规范上机实训流程，强化总结反思环节

典型上机实训教学的展开，可按照"布置任务—学生实作、教师巡回

指导—讲解总结"的顺序进行。实训前，教师首先布置上机任务，并对上机目标、内容、方法和注意事项等进行必要的介绍和说明。明确了任务，方法得当，学生才能够按照要求完成上机作业。巡回指导，及时发现学生在上机中的疑问，及时解答、指导，保障练习过程的顺利进行，同时摸清学生实训情况，进而能够有的放矢地进行下一阶段的讲解总结。讲解总结是上机实践的最后一个环节，也是一个非常重要的环节。教师的讲解总结，不仅使学生掌握具体题目的操作方法，更要让学生领会解决问题的思路，锻炼举一反三的能力，引导学生进行拓展迁移，帮助学生反思内化。

　　站在理论教学和实验教学相结合的高度去深化计算机基础教学改革，将理论教学和实验教学的组织结构进行实质性的整合，从体制上保证各项改革的顺利推行，统筹配置，实现教学资源的优化重组，创建将教学与实验融于一体的生态环境，切实提高计算机基础教学质量，发挥最大的教学效益。创新计算机基础教学管理体制和运行模式，实现理论教学与实验教学的融会贯通，保障教学运行高效顺畅，教学效益必会明显提高。

第四章 计算机教学中实施理论与实践一体化的教学模式

第一节 建立以视频室为主战场的理论与实践一体化教学模式

随着计算机网络技术的发展，视频资源已经成为网络信息中的重要组成部分，它的出现不断地改变人们的生活方式与思维方法。以视频教学资源为主要形式的网络教学，改变了我们对传统教学的认识，提高了教学效率，改变了教学模式和方法。教育部明确指出，要"把信息技术作为提高教学质量的重要手段。信息技术正在改变高等教育的人才培养模式。高等学校要在教学活动中广泛采用信息技术，不断推进教学资源的共建共享，逐步实现教学及管理的网络化和数字化。要进一步培养和提高教师制作和使用多媒体课件、运用信息技术开展教学活动的能力，培养和提高本科生通过计算机和多媒体课件学习的能力，以及利用网络资源进行学习的能力"。视频教学资源作为高校教学信息资源的重要组成部分，体现了教育部对视频教学的重视。

一、教学视频资源产生和发展的条件

第二次世界大战以后，美国电影研究所所长乔治·史蒂文斯就提出：

"研究电影应该成为一般高校课程的重要组成部分。"同时期，美国多所大学开设和专业相关的影视课程来辅助教学，以提高教学效果。

　　电影视频作为早期的视频教学资源，其出现与发展需要两个条件：第一，经济的发展。随着工业的不断发展，需要大量的工人走上工作岗位，传统的师傅带徒弟的教学模式已经不能满足工业的需求，视频教学可以大量地节省人力、节约培养成本。随着信息社会的发展，信息的内容也在不断拓展与变化，特别是视频信息的出现完全颠覆了过去报纸、广播等信息传播方式。在经济的发展和生产过程中，为了更好地改进生产方法，也要求我们对已经发生的过程进行分析和保留。第二，科技的发展。当今世界，科学技术已经成为衡量一个国家强弱的重要标志。科技发展为视频教学资源的发展提供了技术支持，尤其是计算机技术与数码摄像机等高科技产品的结合，将传统的模拟影像资料通过计算机转化成数字视频，再通过网络技术将视频资源传送到世界任何地方。

　　20世纪90年代以来，世界各国的教育领域都在研究如何将优质的教学资源和先进的教育理念通过互联网进行共享，以提高教育质量。美国作为先进的教育国家，1995年只有28%的大学提供网络教学资源，到目前，超过90%的大学都提供网络教学资源。

二、视频教学资源的优势

　　视频教学资源将基础知识、技能、方法进行视觉化，通过丰富的视频画面，直观、生动地把教学内容展现在学习者面前，使学习者通过画面建立联系，提高学习者对教学内容的理解，从而提高学习效率。有研究资料表明，人类在学习过程中，记忆信息有10%来自阅读文字、20%来自听力、30%来自观看，如果使用听力和观看兼备的视频教学资源，能够明显地提高记忆力和学习效果。同时，视频教学资源具有很好的时间操作性和空间操作性，能达到特定的教学效果。

以视频教学资源为基础的视频教学模式是根据教学目标和教学任务，将具体教学内容、操作步骤、操作过程及细节录制成可观看的视频文件，该文件可以随意快进、暂停、倒退，学生可以针对不理解的教学内容反复观看、反复实践，直到最终掌握知识技能和要点。在视频教学模式中，教师的任务和角色都发生了变化，其主要任务不再仅仅是知识的传授，更重要的是对学生学习能力和创新能力的培养；教师的角色也由教师主体转变为学生主体、教师引导。

三、视频教学模式对高校计算机教学的影响

视频教学模式对高校计算机教学的发展产生了深远的影响，视频教学资源的出现必将引起高校教学方式、教学内容、教学理念、教学技术等各方面的变革。学生可以根据自身需求来确定学习时间、学习内容和学习进度。视频教学资源对高校计算机教学的影响主要表现在以下几个方面。

1. 视频教学资源对高校计算机教学形式的变革

传统的计算机教学以教师为重心展开，在整个教学过程中几乎忽视学生在教学中的作用。教师在授课过程中多采用多媒体软件对计算机教学内容进行演示，学生无法操作计算机，只能等教师演示结束后才能自己进行试验和测试。虽然近年来，各种教学改革要求以学生为中心，但在教学过程中，由于教学任务量大、学生众多，教师往往还是将教材内容填鸭式地

灌输给学生。此外，由于高校师资力量的限制和教学设备的滞后，以及学生计算机水平的参差不齐，教师很难针对每个学生进行个别教学。

视频教学模式是伴随着多媒体技术和计算机网络技术的发展而出现的一种新型教学模式。教师可以将教材中的文字知识通过计算机的加工和处理，录制成视频教学资源，分发给每位学生，让学生在自主式、小组式的学习之后，有针对性地提出问题与教师交流。由于教师的主要精力不在教材内容的讲解上，所以有充足的精力和时间对学生提出的问题进行有针对性的讲解。这种教学模式不仅培养了学生的自学能力，同时也提高了学生的团队合作能力。视频教学资源可以依托互联网技术应用于远程教学，打破传统面对面的教学模式，从而有效地实现继续教育和终身教育的目标。此外，随着手机和掌上电脑的普及，移动视频学习模式作为一种新型学习方式，日益受到人们的关注。

2. 视频教学资源弥补了高校计算机教学中师资力量的不足

高等学校教育是对学生进行专业化的教育，这就要求高校教师对知识的把握需做到高、精、专。由于各个高校的学科特色和发展程度不同，培养一名优秀的计算机高校教师不仅困难而且漫长，同时大多优秀教师有科研任务，在高校教学中师资力量显得比较紧张。为了缓解这个问题，可以让优秀的计算机教师进行网络视频教学，或者提前将某一科目的教学内容录制成视频。这样，教师不再局限于物理位置和时间，只要有计算机的地方，就可以进行视频教学，从而大大提高了教学效率，很好地解决了各校教师资源不足的问题。现阶段教育部正在进行的精品课建设和公开课建设，也在一定程度上证明了国家对视频教学的重视。

3. 视频教学对高校计算机实验教学的改革

在高校计算机教学过程中，计算机实验教学是计算机教学的重要组成部分，实验教学手册应当得到完善。传统的实验教学手册主要依赖于操作方法和操作步骤描述，忽略在实验过程中的注意事项和对错误结果的解释；而视频教学手册在录制过程中，可以通过大量的视频和音频信息，增加实验注意事项、实验细节的讲解和演示，以及对各种实验结果的解释和说明。在多媒体的实践教学中，尽管教师多次讲解和重复操作实践内容，但受到记忆力的限制，大部分学生很难记忆完整的操作过程。如果采用视频教学法，学生可以通过重复观看视频文件、模仿练习，最终掌握实践技能。

视频教学资源作为新型的教学模式，在带来诸多优点的同时，也有许多负面影响。首先，视频资源的存储量大，视频资料往往需要很大的存储空间，在录制过程中对计算机配置和网络带宽等也提出了很高的要求。其次，教师在录制授课视频时由于没有学生的配合，很难把握难点、重点，即教师不知道哪些知识点学生难以理解，只能根据自己的经验进行授课。总体而言，视频教学作为新型的教学模式，对高校计算机教学的发展产生了深远的影响。

四、微视频技术在计算机教学中的实例应用

1. 微视频技术简介

2013年前后，在微博、微信技术发展的同时，微视频开始崭露头角。现阶段，微视频在国内的发展虽然突飞猛进，在中国知网上搜索到的和微视频技术相关的论文数量仍未达到预期，与微视频技术在计算机专业课程教学中的应用相关的文献资料更是稀缺。那么，微视频技术到底是什么呢？

具体来说，微视频技术就是以进行特定的知识点的讲解为目标，通过短小精悍的在线视频的形式，以学习或教学应用为目的的一种在线教学视频。

2. 微视频技术在计算机专业课程教学中的应用的具体制作步骤分析

（1）科学合理地进行教学内容的选取，确保知识点的细化

在计算机专业课程教学中，只有科学合理地进行教学内容的选取，确保知识点的细化，才能够为微视频技术在计算机专业课程教学中的应用奠定坚实的基础。具体来说，以计算机专业课程的实验教学为例，教师应该将具体的教学内容划分成验证性实验内容和综合性实验内容。其中，验证性实验内容就是在课本的不同章节中都会出现关于该部分内容的详细操作步骤的内容。相对地，综合性实验内容根据实验大纲的要求则包括许多知识点。

（2）科学合理地进行教学目标的制定，详细撰写教学设计

在制定教学目标的过程中，必须从教师和学生两方面着手，保证教学目标的针对性和具体性。与此同时，教学设计对教学效果有直接影响，必须密切联系微视频中需要阐述的知识点，对学习者、学习目标、学习需要、学习内容、教学策略、教学媒体、教学评价之间的关系进行有机地协调。对于教学设计，可以从实验内容上进行，也可以从教育技术角度进行。计算机专业课程具备非常强的实践性，所以，必须高度重视如何从教育技术的角度做好教学设计，必须详细查找和具体的知识点存在联系的多媒体课件、图片、视频资源等，切实将这些要素有机地融合在教学设计的过程之中。

（3）科学合理地进行教学过程的录制，保证教学演示的效果

按照选择的教学内容作出相应的教学设计后，就可以进行微视频的录制。在开始录制之前，教师必须和摄像人员进行科学有效的沟通和交流，

了解教学的各个环节；摄像人员必须科学合理地确定分镜头设计，教师则必须适当地分配教学时间。考虑到计算机专业课程重视对学生实践能力的培养，因此，教师在教学过程中应该借助相应的录屏软件，将教学演示过程录制下来，教师必须对麦克风的音量和位置进行适当的调节，并且灵活地运用录屏软件，保证教学演示的效果。

（4）科学合理地进行后期编辑，确保微视频的完整性

微视频录制完成后，不一定能够达到最优化的教学效果，实际操作过程也离不开反复的录制工作，所以，做好后期编辑是非常关键的。在进行后期编辑的过程中，关键任务就是做好拍摄的视频和录屏内容的整合，这一过程离不开教师的耐心思考和整理。与此同时，必须高度重视微视频片头、片尾的制作工作，另外，也应该为微视频适当地添加背景音乐及字幕，等等。在对微视频进行编辑和美化之后，要能够确保微视频的完整性，保证微视频符合教学要求，以便真正解决教学中的具体问题。

3. 微视频技术在不同的计算机专业课程教学中的应用的注意事项分析

（1）纯理论类的课程

这类课程主要包括"操作系统原理""计算机组成原理"等，由教师结合各种公式和原理进行理论性的讲解。教师可以将多媒体课件制作成微视频进行讲解。在多媒体课件的制作的过程中，必须保证课件的美观、大方，每一张幻灯片不应该只是文字的堆砌，必须强调特定的教学重点和难点；与此同时，必须保证文字简练而图片丰富多彩。通过这种方式，学生就能够被有趣、生动的微视频所吸引，从而实现教学效率的大幅度提升。

（2）部分理论加上部分软件演示类的课程

这类课程主要包括"C语言程序设计""计算机算法"等。对于需要

演示的内容，教师应该通过在 PPT 中插入提前准备好的视频进行讲解；同时，复制多张不同时间点的软件窗口屏幕的截图，通过分层的方法利用多媒体课件中时间轴上的动作效果，对于实际软件中的演示效果进行模拟，凸显出微视频短、快、精的特征。

总而言之，对计算机专业课教师来说，微视频将转变传统的教学方式，转变教师传统的听评课模式，教师的备课、课堂实验教学和课后反思的资源应用将更具有实效性和针对性。微视频技术在计算机专业课程教学中的应用仍然存在非常大的发展空间，可以预测，通过教育工作者的不断研究和探索，计算机专业课程的教学一定能够变得更加直观有趣、生动形象，教学效率也会得到大幅度提升。

第二节 建立以任务驱动为载体的理论与实践一体化教学模式

任务驱动法在计算机专业中的应用是非常广泛的。作为一门比较有潜力的学科，计算机专业在社会的发展中呈现出了非常旺盛的生命力。

一、任务驱动法的优势

计算机属于一门技术性和实践性比较强的课程，能够实现技能和知识一体化，学生在学习基本理论知识的基础上，还需要掌握一定的操作技能。由于计算机技术发展的速度比较快，在计算机教学活动中，教师就需要对学生的自主学习能力进行培养，同时还要培养学生的创新思维能力。所以，通过应用任务驱动教学法，教师要建立相应的计算机教学体系，且该教学体系要具有一定的针对性，从而灵活掌握学生的任务完成情况，在操作过程和方法上给予指导，在不断练习中完成计算机教学。在未来的人才竞争中，计算机技术的应用和操作是综合型人才必须具备的一个条件。所以，在新的时期，对计算机任务驱动教学法的研究就变得非常重要。

1.易于完成教学目标

采用任务驱动法进行计算机教学，教师的思路相对比较清晰，学生的学习目的也非常明确，这样就比较容易掌握教学内容。比如，教师在讲解word的高级排版的时候，根据任务驱动教学法，不再是孤立地介绍概念、作用以及相应的操作方式，而是把需要讲授的内容通过"制作试卷"这一任务进行内容设计，教师可以通过对试卷制作的讲解，让学生掌握系统的内容。

2.顺应了学生个性的发展

学生在学习过程中，由于自身条件和学习基础的不同，表现出来的个性也有所不同。所以，在传统的教学模式中，学生的个性受到了很大的束缚，在一定程度上限制了学生的发展，与新型教育观念相违背。随着任务驱动教学模式在计算机课程中的应用，根据学生的个性制定个性化的教学模式已经成为可能。教师把一些教学内容和教学案例通过网络渠道发布到学校的公共平台上，并给学生制定每一个教学内容的任务，学生可以根据自身的喜好选择适合自己的学习内容，同时，还可以根据具体的学习任务与其他学生进行交流，发现自身的不足，从而不断成长。

3.易于培养学生发现问题和解决问题的能力

任务驱动式学习就是在教师的指导下，学生根据任务用科学的方式进行学习，这个任务与学习过程是融为一体的，这样既掌握了需要学习的知识内容，又提高了理解问题和解决问题的能力。任务驱动式学习的基本思想就是让学生将学习教学内容和应用教学内容相结合、收集信息和利用信息的能力不断增强，从而体会到计算机课程学习的应用潜力是巨大的、自己的创作潜力也是无穷的。

二、基于任务驱动法的高校计算机教育课程设计

1. 提出任务，激发学生的学习兴趣

任务和目的能激发学生的学习动力，教师要根据具体的学习内容以及学习目标设计学习任务，让学生带着目的进行学习。目标任务的明确对于今后的学习任务的最终完成起着至关重要的作用。要实施案例教学法，就要把握教学案例的设计，这是一个重要的前提和基础。比如，在学习图片处理软件的时候，在教学方式的选择上，设计一些比较贴合实际的学习任务，这样可以吸引学生的注意力，提高他们的学习兴趣，还能与以后的就业结合起来。比如，学习如何用软件处理照片时，可以紧密结合影楼照片的处理工作，在教学任务的选择上，可以选择一些证件照片的制作、艺术照片的制作，这样的教学任务的布置具有比较高的实用性，也能提高学生的学习积极性。

2. 完成任务的思路和操作方法

在学习任务布置完成之后，让学生进行讨论并提出自己的问题。在上机操作的时候，根据任务的难易程度进行适当的引导。比如，在学习excel表格的应用时，在教学任务的选择上可以让学生绘制期末成绩表等，在内容的练习上可以选择小组任务合作的方式。这些贴近学生生活实际的

教学任务，是任务驱动法取得效果的关键所在。任务驱动法是通过设置具体任务，通过学生对任务内容的分析来掌握书本知识，由感性认识上升到理性认识，符合人们的认知规律。通过任务驱动教学获得的知识是内化了的知识，是自己理解并能驾驭的知识。

3. 对学生完成任务的情况进行评价

在学生完成任务之后，要认真总结问题所在，找出任务解决的方法，这个过程起到画龙点睛的作用。

在经过学生自主学习和讨论具体的任务之后，教师要及时进行总结和讲评，要分析任务中运用到的专业理论知识，要求学生在上机实践的时候，根据课堂上的案例发现和解决问题，把任务再次上升到理论的高度，这样更有利于学生知识的掌握。可以添加一个具体的任务问题库，问题库中要包含一些与课程相关的问题，可以要求学生就个别任务中的问题发表自己的看法，根据学生的回答进行事后评价和总结。总结和评价，让学生处在一个积极主动的位置，以激发他们的学习兴趣。

教师在设计学习任务的时候，要根据具体的教学进度，分析任务中可能存在的问题，并根据问题找出相应的解决措施，这样才能更好地提高计算机课程教学效果。

第三节　计算机实训理论与实践一体化教学模式的改革和构建

目前，高校实训教学存在几个比较突出的问题：一是对实践教学环节重视度不够，不能突出能力培养目标，理论教学与实训教学比例失调。二是实训内容大多属于理论验证性，缺乏实际工作相关性，且实施过程以授课教师为主，随意性较大，实训教学质量保障不够。三是"双师型"教师数量有限，部分担任实训教学的教师并不具有在企业工作或培训经历，使实训教学质量受到一定的影响。四是缺乏实训类教材或指导书。因此，为了更好地完成高校教育培养目标，必须对其进行相应的改革。

一、实训链条贯穿教学始终

能否高质量地达到高校教育目标，关键是看实训教学效果，所以在深化实训教学改革时，实训链条应贯穿教学始终。以项目驱动为主要教学方法，通过搜集相关的企业案例，形成综合实训项目库。针对综合实训内容作剖析分解，形成每一门核心技术课的课程实训内容，再对支撑课程的实训内容知识做模块化处理，形成以模块为单位的单元实训内容，最后再分解到各章节中形成章节实训内容。这样就形成了以章节实训—单元实训—课程实训—综合实训四级结构为主的实训链条，最后达到职业岗位的要求。

实训链条的实施过程，从基础课程开始，每一章节学完就要穿插进行章节实训，对章节所学内容进行实践练习；每个知识模块学完，都要进行单元实训，对模块知识进行综合实践练习；课程结束后，针对课程内容设置专门的课程实训，根据课程特点课时在 20~30 分钟之间；在学习完所有课程之后要按专业进行综合项目实训，项目内容面向企业案例，学生以此作为最终的毕业设计，达到要求方可毕业。在整个教学过程中保证总学时不变，强调理论够用为度，压缩理论课时而增加实训课时，保证实践能力培养的质量，达到高校教育目标。改革后的实训教学有以下几大优点：

（1）每年更新的综合实训项目均来自企业案例，切合实际，不存在过时的情况。

（2）大大加重了实训教学比例，突出培养学生的职业能力。强调理论够用为度，充分体现注重动手能力培养的高校教育特点。

（3）以项目驱动为主的教学方法，学习目的明确。因为各级实训内容都是综合实训项目分解而得，所以从基础开始学生就明白学习各知识的用途，以及逐级做实训的目的和用处。

（4）由浅入深，层层紧扣，逐级引入。以动手为主，从最简单的知识入手，再层层加深，以这样的实训链条实施教学，即使学生学习基础相对较差的学生也能跟得上、做得来。

二、建立健全实训计划、实训大纲、实训规程

实践教学在各专业教学大纲中几乎没有作为一门独立的学科存在过，往往是将各专业对应的实践教学内容肢解分离到理论课，教师在教学实施过程中存在着较大的随意性。对于如何开展实践教学，以及实践教学的课时在教学中占多大比重，缺乏统一的、刚性的考虑，最终导致实践教学课时严重缩水，实训效果不佳。针对这种情况，建立健全规范且能严格执行的实训计划、实训大纲、实训规程等教学文件，是提高实训水平与效果的先决条件。

1. 实训计划

制订计划时，有关实训的课时、开设时间、实训地点、实训指导老师安排都要一一明确。定期进行专业调研，根据当地区域经济及市场需求情况，每年对实训计划做修订，以适应市场的变化。

2. 实训大纲

具有企业经验的"双师型"教师经过认真研讨，集体制定包括专业的基本操作训练、复合作业训练、生产性训练和工作适应性训练等在内的实训大纲。实训大纲必须与社会推行的职业资格证书制度相衔接，使学生掌握的操作技能和生产技术知识，与行业的标准、企业的需要相适应；实训大纲的内容和要求要适应当代科技进步和生产发展水平，应保证学生所学操作技能是先进的；实训大纲的结构必须遵循学生实践技能形成的规律，即由简单到复杂、由单一到连贯、由生疏到熟练，逐步形成技能技巧；实训大纲必须体现理论与实际相结合的原则，在主要课题的安排上应相互呼应、相互配合，并在教学时间上力求协调一致；实训大纲还要充分体现教育与实际工作相结合的原则，强化非智力因素的培养。

3. 实训规程

建设科学、健全、严格的实训教学制度是有效实施实训教学的有力保障，在各项严明的教学制度规范下，形成条理清楚、运作合理的实训教学规程。每年根据当地及周边地区的专业市场调研情况修订培养计划，从而确定实训计划，按计划由各课程组制定相应的实训大纲，根据实训大纲的具体要求制定详细的实训任务和实训指导书，各个实训指导老师带领学生开展实训并进行实时指导。实训结束后，要求学生完成实训报告和实训作品，最后由实训考核小组根据学生实训过程中的表现和上交的实训报告及作品给出合理的成绩评定。实训过程的每一个环节都由学院和系共同组织的实训检查组进行审核、监督，保证高质量且正常运作。

三、实施有效的实训质量监督

利用多线路考核的办法来实施有效的质量监督。首先是教研室。从制订实训计划之前必须做详细的专业市场调研，到与教学计划和行业需求相适应的实训计划，再到相应实训大纲的制定，最后到实训任务的下达都要纳入教研室工作重点考核范围，以该专业就业率和社会对毕业生满意率作为重要参考对教研室进行学期考核，对于考核较差的要追究主要负责人责任。之后考核实训指导教师是否按实训任务制定切实有效的实训指导书，是否按规定进入实训室认真对学生进行辅导，然后采用学生座谈和问卷调查反馈评价、本系实践教学质量检查小组评价、学校实践教学检查组反馈评价相结合的方法，对指导教师的实训教学质量进行量化考核，考核结果与教师的职称晋升、年终考核、评先、超课量津贴奖惩挂钩。再考核实训室管理员是否及时安装实训所需软硬件，是否及时排除问题设备，实训室设备运转情况是否能保证实训正常进行，同样采用学生与实训指导教师调查反馈评价、本系实践教学质量检查小组评价、学校实践教学检查组反馈评价相结合的方法，对实训室管理员的工作态度和业务水平进行量化考核，考核结果作为实训室管理员年终考核、评优、职称晋升的重要依据。最后对学生进行实训效果的考核，制定合理可行的实训成绩评定办法。实训过程中主要由指导教师依据学生的实训态度、出勤率给予平时成绩，实训结束后成立实训考核小组，根据实训作品和报告给予作品成绩，按比例综合两者后给予最终实训成绩。考核人员应严格公正，认真履行职责。凡被评为实训成绩不及格者，一定要补考（补做）；补考（补做）仍不及格者，应随下一届学生重新实训。

四、重点培养和引进"双师型"教师

人才的培养需要一支既具有扎实的基础理论知识,又具有较高的教学水平,还具有较强的专业实践能力、技术应用能力和丰富的实际工作经验的高水平的"双师型"师资队伍。教师不仅要能说,还要能做,要一专多能。因此,每年有计划地选送一些中青年教师到企业去学习,参与企业的经营管理、工程设计、科研和咨询诊断,使他们按"双师型"道路发展并参加高级技术等级考试。提倡教师利用课余时间或假期经常下企业"学艺""充电""当学徒",随时掌握企业的最新技术。学校建立保证专职教师定期到相关企业更新知识、充实能力的制度。实行专兼结合的教师聘用制度,改变以往只从高等学校引进教师的做法,注重从一线企业聘请有实践经验又能胜任教学工作的兼职教师。建立以专业教师为中心的多学科教师队伍,每一个专业具备2~3名骨干教师,对专业建设起稳定、支撑作用。

五、选、编具有高校特色的实训教材

配套实用的实训指导教材是提高实训教学效果的保障之一。目前高校教材虽然不少,但大多内容不够精练实用、实践性不强,尤其是实训教材欠缺,其现有内容没有体现实际操作技能,不能体现高校教材特色。选用实训教材要注重教材的科学性、实用性和实践性,内容要具有鲜明的职业实用性及前沿品质,不能滞后于计算机技术的发展。达到要求的高校实训教材并不多,所以需要精心挑选。每年都需与多家出版社联系,参加各类书展,多比较,精挑选,决不能草率决定,应付了事。自主编写也是提高教材质量的有效途径,本系组织师资加大实训教材建设的力度,鼓励一线教师结合企业实践经验和学科特点编写实训指导教材,对于自编高质量教材给予奖励。

第四节　计算机网络实验室实践功能

随着计算机技术的发展和运用，社会需要大量计算机网络技术方面的专业人才。为了满足这一需求，许多高校都设置了计算机网络技术专业。但是目前所开设的课程存在许多不足之处，其中之一就是因为学校的教学不符合社会的实际需求，教学中理论知识多于实践操作，使学生走出校门从事网络方面的工作时无法驾驭网络设备选型、网络设计、故障排除等方面的工作。因此，建立网络实验室是十分迫切的任务。

一、建设计算机网络实验室的重要意义

1. 提高计算机网络课程的教学质量

目前，许多高校开设的计算机网络课程由于缺乏必要的实验室进行练习与操作，使学生的知识掌握与动手能力不能很好地结合在一起，影响了教学水平，教学评估的结果与理想目标相差甚远。因此建设计算机网络实验室、指导学生进行实训，对提高计算机网络课程的教学质量具有很大的帮助。此外，网络实验室实训教学是对教师教学水平的考验，使教师不再安于现状。在实训过程中，教师能够接触到比较先进的、位于科技前沿的网络技术，也对网络理论的革新有一定的把握，教师的学科素质因此得到了提高。通过网络实验室的实训教学，教师可以与网络设备的厂商进行技术上的沟通与交流，以此为纽带，了解更多的计算机网络技术方面新的科研成果，与时俱进，使教授的课程内容紧跟时代步伐，使教学更加适应社

会需要。

2. 增强学生的实践能力

现代社会需要的人才不仅要有扎实的知识基本功，还要有动手实践的能力，纸上谈兵的不是人才。因此，通过计算机网络实验室实训，学生掌握的理论知识在实践中得到了验证，巩固了知识，动手能力也提高了。用人单位更加看重学生的实践经验和实践操作能力，但是目前学校教育中的弊端之一就是"重理论、轻实践"，计算机网络实验室实训就能够很好地改善这一现象。计算机网络实验室中的网络环境是模拟真实环境的，学生能够在这里亲手进行网络的搭建、设计、调试和配置，体会理论应用于实践的这个过程，使学生能够及时发现问题并解决问题，学生的专业技能、经验和实战能力都得到了很大程度的提高，是课堂教学不能比拟的。通过实训，学生在实际操作中了解了所学知识的原理，积累了经验，在将来的就业中会占有一定的优势。

二、计算机网络实验室的标准

现代计算机网络教学所需要的实验室已经不是传统意义上的计算机实验室，传统计算机实验室往往只具备演示功能和验证功能，没有研究开发的功能，显然已经不能满足现代企业对于人才的需要。现代计算机网络实验室应当达到以下标准才能够培养现代所需要的专门人才。

1. 设备必须先进

现代计算机网络实验室理应根据当代计算机发展的最先进水平来配置设备，比如硬件和软件的配置，应当选择稳定而新近的产品，并且应该根据计算机网络发展的形势进行相关设备的更新。因此，在配置设备之前，就应该事先考虑到将来的升级管理。

2. 计算机网络通信协议及接口要向国际标准看齐

计算机网络实验室的设备必须与国际通用的网络协议相匹配，这样做是为了和其他网络之间实现平滑连接互通。

3. 设备具有实用价值

计算机网络实验室的设备配置考虑的首要原则就是要满足实训的需求。在此基础上，网络实训过程应该本着简易化的原则，即容易安装和操作，管理方面力求不烦琐；要购置性价比较高的设备，以便充分利用其多种功能，快要淘汰的设备坚决不要选购，这样会浪费资金。

三、计算机网络实验室的功能

1. 网络实验的功能

为了培养学生独立思考的能力以及动手实践的能力，学生在掌握了一定的理论知识后，理应进行网络实验，比如网络组建和网络应用。因此计算机网络实验室必须具备网络实验的功能，才能够进行实训练习。

2. 一般实验室的功能

计算机网络实验室是在一般计算机实验室的基础上建立的，除了重视其网络实验功能外，也应该包含一般实验室的功能，比如数据库建设的实验、编程实验等。

3. 多媒体教学功能

网络实验室需要配备多媒体设备、教学用的电脑以及投影设备等，方便教师讲解设备选型、组建网络的知识，以及任务引入和任务拓扑等。计算机网络实验室完全可以承载教学的整个过程，讲课以及实训都可以在此进行。

4. 科研功能

现代计算机网络实验室都配备了先进的设备，除了教学和实训的功能，还可以为科研提供必要的环境和所需的条件。科研成果可以辅助实训，使实训更有价值和意义。

四、充分发挥计算机实验室的实训功能

现代计算机网络实验室除了具备以往实验室的演示功能和验证功能外，还应具备研究开发功能，这也是当代企业对人才的基本要求。学校本着对学生负责的态度，培养人才的标准应当和社会需求相统一，因此，应当充分发挥计算机网络实验室的实训功能。基于此，可以选用在实训中模拟某个企业的计算机网络的管理流程及方式的方案。在实训过程中，教师可以充当企业的管理者，根据管理的要求，教师应当担负起组织、协调、控制和评价的工作。在实训前，教师组织学生团队依据企业的实际情况设计实训方案，然后进行细致分工，每个成员都负责一项具体的任务，彼此分工协作。学生是实训的主体，因此实训应当围绕提高学生的能力素质展开，为此教师应该严格要求每个成员独立完成任务，并规定时间期限。这种实践使学生了解了企业计算机网络管理的流程和原理。通过实训，学生掌握的计算机网络知识和社会具体运用的环节实现了有效衔接，大大提高了学生将知识转化成能力的效率。教师应当做的是及时进行评估和总结，将发现的问题记录下来然后师生讨论解决，解决不了的，寻求他人以及组织的帮助。

五、计算机网络实验室的具体实训项目

计算机网络技术专业的学生，除了应该能胜任网络调试方面的工作外，还应该练习承担网络系统的整体设计与维护任务。下面从综合布线、交换机和路由器的相关任务、无线网络的配置、服务器的配置和拓展功能等方面来介绍具体的实训项目。

1. 综合布线展示

综合布线系统将数据、信息管理系统联系起来，而且和外部的通信网络连接，是一个建筑物的基本通信设施。在实训中，先由老师讲解，然后进行现场演示，学生则要了解展示台上的综合布线产品，比如各种类型的通信电缆和必需的安装工具等，然后参照展示的模型进行管槽安装练习和综合布线中的链路安装练习，之后进行故障测试，最后进行实训的验收工作。

2. 网络交换技术的实训

为了实现信息交换和网络资源共享，连接几个计算机网络或者通信网络的技术被称作网络互联技术，而在高速网络中，这一技术被称作"网络交换技术"。网络交换机就是进行网络交换的设备。在这一模块的实训中，学生小组应该先设计绘制拓扑图，教师再对拓扑图进行点评，学生改完图后进行组装。在交换机、路由器和防火墙等的布局上，应该考虑其合理性，并按照需要添置零件，尽量使用节约资源且优质的方案。

3. 配置无线网络的实训

无线网络的应用越来越普遍，在实训中应该加强练习，了解无线网络的配置原理，在此基础上掌握配置无线网络的技能。

4. 配置网络服务的实训

计算机网络实验室都有服务器区域，可以加以利用，进行访问权限设置等实验。

5. 拓展功能实训

可以和信息安全实验室建立连接，利用信息安全的相关设备，拓展网络实验室的功能，使实训更加切合实际。

现代计算机网络技术的应用越来越普遍，社会所需的这方面的人才大增，因此，现代计算机网络教学应该紧跟时代步伐，了解企业所需的人才标准，在保证学生掌握基础知识的前提下，开展具有实践意义的实训教学，增强学生的动手能力和专业技能，从而使学生的就业率大大提高。

第五章　建立以多媒体技术为教学环境的教学模式

　　自 20 世纪 90 年代以来，多媒体技术迅速兴起、蓬勃发展，其应用已遍及国民经济与社会生活的各个角落，对人类的生产方式、工作方式乃至生活方式带来巨大的变革。同样，多媒体技术对教学也产生了积极的效应，能为学生提供最理想的教学环境，主要体现在以下三个方面：

　　一是教师通过多媒体技术制作教学课件，可以实现模拟环境，提供丰富的信息资源。用多媒体技术制作教学课件，在一定程度上缓解了计算机硬件水平不能完全满足教学需要的问题。

　　二是专业知识用文字和语言难以表述清楚的部分，用教学课件可以直观地呈现出来，既明了又生动形象，学生容易掌握和接受。

　　三是多媒体技术能为学生创造一个能听、能看、能动手操作以及进行讨论、交流的平台。

第一节　多媒体技术及广泛使用的意义

一、多媒体技术的特征

1. 多样性

多样性是指综合处理多种媒体信息，包括文本、图形、图像、动画、音频和视频等。

2. 集成性

集成性是指多种媒体信息的集成以及与这些媒体相关的设备集成。前者是指将多种不同的媒体信息有机地进行同步组合，使之成为一个完整的多媒体信息系统；后者是指将多媒体信息有机地进行同步组合，使之成为一体，包括多媒体硬件设备、多媒体操作系统和创作工具等。

3. 交互性

交互性是指能够为用户提供更加有效的控制和使用信息的手段。交互性可以增加用户对信息的注意和理解，延长信息的保留时间。从数据库中检索出用户需要的文字、照片和声音资料，是多媒体交互应用的初级阶段；通过交互特征使用户介入到信息过程中，则是交互应用的中级阶段；当用户完全进入一个与信息环境一体化的虚拟信息空间中，才达到交互应用的高级阶段。

4. 实时性

实时性是指当多媒体集成时，其中的声音和运动图像是与时间密切相关的，甚至是实时的。多媒体技术必然要支持实时处理，如视频会议系统和视频电话等。

二、多媒体技术在教学中的作用

1. 调整学生情绪，激发学习兴趣

兴趣是由外界事物的刺激而引起的一种情绪状态，是学生学习的主要动力。然而，许多教学内容通常本身较为枯燥无味，这就需要每位教师善于采用不同的教学手段，以激发学生的兴趣。根据心理学规律和学生学习特点，有意注意持续的时间很短，加之课堂思维活动比较紧张，时间一长，学生极易感到疲倦，就很容易出现注意力不集中、学习效率下降等，这时适当地选用合适的多媒体方式来刺激学生、吸引学生，创设新的兴奋点，激发学生的思维动力，以使学生继续保持最佳学习状态。

2. 优化组合多媒体，提高教学系统的整体功能

各种教学媒体在教学过程中的作用各不相同，各有其相对的适应性与局限性。如幻灯片善于表现事物静止放大的图像，但对于表现一个动态复杂的生物学过程却很难实现，录像则能形象、动态、系统地描述事物的运行形式、空间位移、相互关系及形状变换等，能将复杂的生物学过程表达得淋漓尽致，但对于表现静止放大图像却比不过幻灯片（图像小、清晰度差、一过即逝是录像的缺点）。如果按媒体原则应用，则可两全其美。采用多媒体计算机及其相关新型媒体进行教学，是多媒体组合的进一步发展。目前，主要有两种基本形式：一是建立多媒体计算机辅助教学（Multimedia Computer Assisted Instruction，MCAI）教室，学生利用多媒体进行个别化学习，可称为MCAI个别化交互作用式学习。二是建立课堂多媒体教学系统，利用多媒体演示手段配合教师进行课堂教学，可称为多媒体计算机课堂教学。多媒体计算机教学具有一般计算机辅助教学（CAI）的共同特点，如交互性、实践性、个别性、高效率等，又兼取了录像、幻灯片、投影、录音、传真等多媒体的功能，故其特点和优势十分突出。

多种教学媒体的优化组合，动静相兼，视听结合，可以扬长避短，互为补充，可以发挥视听媒体深刻的表现力和良好的重视力，拓展了教学信息传输渠道，从而显示出课堂教学系统的整体效应。

3. 调动多感官学习，提高学习效率

心理学实验证明，人们学习同一份材料，如采用口授方式，让学生只是听，3个小时后能记得60%；如果让学生只是看，3个小时能记住70%；如果听觉、视觉并用，3个小时后能记住90%。3天后三种学习方法的记忆率分别为15%、40%和70%。这一结果说明眼耳并用、视听结合的学习效果是最好的，高于视、听分别记忆之和。多媒体教学注重现代视听媒体的充分合理应用，强调教师依托直观图像讲解，真正做到视听组合，动脑、动口、动手相结合，全方位地调动学生的多感官参与学习，更加符合学习与认识事物的规律，促进学生对知识的理解、掌握与应用，可以显著地提高学习效率。

4. 合理应用多媒体教学的科学性和可操作性，便于教师操作

多媒体教学要求，按照教学目标和教学对象的特点，合理地选择、安排和组织运用多种教学媒体及其他教学资源，使学生在最佳的学习条件下进行学习，是一种系统地设计、规划、实施和评价整个教学过程的方法和程序。它既具有很强的理论性，又具体落实在一系列课堂教学设计程序和步骤上。如教学目标分析与设计包括知识点划分、教学目标层次确定、各知识点具体学习目标及描述等步骤，其指导理论为布鲁姆教学目标分类理论。

多媒体教学的理论基础是教学设计相关理论，如加涅的认知学习理论、教育传播理论、系统科学方法论、教育目标分类理论、教育组织与展开理论、教学表达理论等。多媒体教学是许多教育科学理论的具体应用和发展，具有很强的科学性和可操作性，其推广和应用使教学方法由经验层次上升到理性的科学的新水平。

5. 发挥交互性，突出学生的主体作用

多媒体教学打破了教师作为知识的唯一传播源的格局，提供了一种学生主动参与、师生互动、协同学习的良好环境，特别是网络技术的应用，使学生的主体作用得到更好的发挥和表现。例如，利用多媒体教学的示范功能和语音对话功能，既可以进行表演示范，也可以进行上机练习；利用监控管理功能，教师能够及时掌握学生的学习情况；利用辅导答疑功能，教师可以在教学中对不同学生进行分层次教学。多媒体教学具有便利的交互性，形成了教与学有机结合的整体，使老师由教育的操纵者变成引导者、激发者和指导者，学生由被动学生变为自主学习的主人。

三、多媒体技术在教学中的应用

1. 建立多媒体教学环境

现有多媒体教学系统大致有：

（1）多媒体投影机

多媒体投影机可以驳接电脑、录像机、VCD等，信号源丰富，可以方便地移动到任何一间教室，但成本较高。

（2）多媒体网卡与电脑网络结合，构成多媒体电脑室

这种多媒体教学系统必须给每台电脑装上多媒体硬卡，铺设用于传输音视频的多媒体线路，主要优点是操作控制方便，音视频传输效果比较理想，但其成本高，安装复杂，维护较困难。

（3）利用现有的电脑网络采用纯网络软件进行多媒体教学

这种多媒体教学系统成本低，安装维护方便，容易升级，但由于受带宽的影响，音视频传输效果目前还不够理想，随着计算机及宽带网络的发

展,这一问题有望得到较好的解决。

(4)多媒体计算机与大屏幕电视的组合

这种多媒体教学系统是将计算机的显示信息通过大屏幕电视输出,最大优点是成本低,是经济条件有限的学校开展多媒体教学的理想组合。

2. 制作多媒体教学课件

(1)制作多媒体教学课件的常用工具

①微软公司的 PowerPoint

PowerPoint 是一个演示文稿和幻灯片制作和放映程序。使用 PowerPoint,可以创建包含文本、图表、图片、影片、声音和其他艺术对象的演示文稿。演示文稿可以设置为幻灯片的形式,使用计算机或与幻灯机、投影仪等外部设备相连放映,也可以通过网络在多台计算机上同时调用,开展多媒体教学演示。它是初学制作教学课件的理想工具。

②巨集媒体公司(MacroMedia)的 Authorware

Authorware 是一套功能强大的多媒体制作软件,市场上大多数多媒体商品教学软件都是用它来开发的,其主要优点是开发者基本上不用书写程序,通过流程线和一些工具图标就可以开发出较高层次的多媒体作品。开发过程中可以直观地引入和编辑文本、图形、声音、动画、视频等各种媒体素材,通过精心组织设计程序的流程,实现软件与用户的交互,一切都变得轻而易举,充满效率。用它来制作多媒体课件,不再是繁重的劳动,变成了一种艺术享受。

③巨集媒体公司的 Director

Director 是巨集媒体公司的另一款重量级多媒体制作工具,不仅具备直观易用的用户界面,而且拥有很强的编程能力(本身集成了自己的 Lingo 语言),曾被喻为"多媒体巨匠"。目前,它正逐渐成为国内多媒体开发者的主流工具。

④巨集媒体公司的 Flash

Flash 是目前制作多媒体课件的最佳工具,因为其文件小、动画功能强、便于网上传播等特点脱颖而出。Flash 课件制作在教学中得到了越来越广泛的应用,亦以直观、形象、多样等特点成为用来表达教学内容的主要方式。

(2)多媒体教学课件的技术特色及其教学特点

多媒体教学课件利用多媒体技术的特性,对教学演示内容进行多种控制,如有序的进程、可跳跃的进程、可重复的进程等,以达到强化教学效果的目的。其演示内容具有可选择性和跳跃性,与课堂讲解存在着紧密的联系和互动关系。

四、多媒体教学存在的问题与发展趋势

1. 多媒体教学存在的问题

(1)多媒体教学不利于发挥学生的想象

所有有形、有声、有画面的载体都没有单纯的语言和文字让人有想象的空间,就像我们看一本书,100 个人有 100 种理解,一旦被拍成影视作品,那么我们所有人都只是在观看导演一个人对作品理解后的展示。多媒体教学也是一样,它在利用各种手段化抽象为具象的同时,就已经使学生失去了想象的空间,这非常不利于学生想象力的发展。

(2)多媒体教学手段扼杀了课堂的灵动性

多媒体教学中采用大量色彩鲜明的图片、夸张幽默的动画和优美动听

的音乐，表面上吸引了学生的注意力，但多媒体教学的定义化、格式化、程序化，使整个课堂只能按照教师事先设计的程序按部就班地进行，学生只能用眼睛、耳朵这些感官被动接受。这样做失去了原来由老师把控课堂时师生之间眼神与眼神的交流、心灵与心灵的碰撞，没有了交流与碰撞，课堂就失去了灵动性。

（3）多媒体教学设计的制作过程耗时耗力

多媒体技术的发展、各种软件功能的增加，让老师在制作及应用多媒体时首先要对各种功能的使用进行学习和了解，其次要对多媒体进行烦琐的设置和过程演示，这都需要花费大量的时间和精力。一个人的精力是有限的，对于多媒体的设计付出太多，教师往往就没有精力和时间再去钻研教材、了解学情和研究教学教法了。

2. 多媒体教学的发展趋势

事实上，每一种教学模式对各类知识的表现力是不同的。各种教学模式在不同的课堂上的应用是不同的，在传授知识、培养技能和开发智力等方面都有自己的特点和长处，也是不可相互取代的。

老师们应该意识到，多媒体只是一种工具，就像我们生活中的电脑、手机一样。我们不能因为要教学改革，不能因为多媒体这种教学模式优于其他模式，就抛弃了传统模式；不能由原来被老师把持着、控制着的课堂盲目地、一窝蜂地转为被多媒体课件控制着的课堂，不能把上课的过程变成多媒体的演示过程，那就大大违背了教学的目的和计算机课堂的本质。我们要掌握一定的度，要从学科的实际出发，正确对待多媒体，发挥其更有效的作用，以使课堂达到最优化的教学效果。

多媒体教学的理想状态应该是：利用多媒体把演示小实验引入课堂，

把知识点及重难点用多媒体呈现出来，提高课堂的教学效率。再利用教师的人格魅力，综合应用多种教学模式，让学生积极参与到课堂中。最后，大量增加学生的动手操作过程，给学生一个自主探索和学习的空间，让学生真正在学中做、在做中学。此时的老师，已退位到配角的位置上，仅仅是知识传授的引领者，对教学过程只起到贯通和点拨作用，而此时的学生才真正成为课堂的主体，才能真正把课本上的知识转变为自己的应用能力。这才是融合了传统教学模式和先进的多媒体教学模式下的课堂，才能真正达到最大化的教学效率和最优化的教学效果。

第二节 多媒体技术对计算机教学的影响

多媒体在不同领域都扮演着很重要的角色，尤其与计算机是不可分割的。从根本上来说，多媒体技术是应用于计算机上的一种现代化先进技术，结合了各种视觉和听觉媒体，能够产生一种让人印象更加深刻的视听效果。多媒体技术是在计算机上把各种图形、动画、文字、声音有效地结合在一起，通过计算机交互式综合处理多媒体信息，形成一个由多种信息建立逻辑上连接的集成系统。这种开放性教学方式可以让学生的思维更加灵活，一改教师灌输性思维教学，在计算机这种灵活性很强的学科面前，其他的教学理念一直处于劣势，多媒体教学不失为一种好方法。

一、多媒体计算机的基本概念

1. 基本概念

在开放性教育时代，人们逐渐在教育改革中摸索出新的教育方式，不断为我国教育事业做出巨大贡献，人们在长此以往的教学过程中也摸索出一定的教学经验和相对应的规律，让广大学生更能在自主的环境中学会自主学习。显而易见，在计算机教学过程中，使用更多的多媒体教学方案更符合教师与学生们的实际。作为一种教学媒体，多媒体计算机实质性的意义是存储、传递教育和教学信息。"多媒体"一词译自英文"Multimedia"，它有两重意义：一是指存储信息的实体，如磁盘、光盘、磁带、半导体存储器等，中文常译作媒质。二是指传递信息的载体，如数字、文字、声音、图形等，中文译作媒介。普遍理解，多媒体就是由单媒体多个叠加形成的。

2. 多媒体系统的组成部分和要素

一般的多媒体系统主要由如下几部分组成：其一，被称为多媒体核心系统的多媒体操作系统；其二，包括计算机硬件、声音或视频处理器、多种媒体输入和输出设备及信号转换装置、通信传输设备及接口装置等的多媒体硬件系统；其三，被称为多媒体系统开发工具软件的媒体处理系统工具和用户应用软件。多媒体基本包括文本、图形、静态图像、声音、动画、视频等，不同的计算机教学内容需运用不同的学习媒体，多方面为学生提供各种了解知识的渠道。

二、多媒体技术在计算机课程教学当中的应用分析

1. 多媒体技术在计算机理论性课程教学中的应用

传统的计算机课程教学大多是教师用口头表达的方式来讲解相关的知识点，对于一些重点、难点，有些教师也会采用模型展示或者挂图的形式来更加直观地让学生体会，这样的形式在一定程度上也能对计算机教学起到非常重要的作用，能够让学生更加具体地了解计算机的结构和发展等内

容。但不可否认的是，静态的教学方式已经跟不上时代的发展步伐，随着科学技术的不断进步，多媒体技术的强大优势已经远远超过了原有的静态教学方式，计算机教师一定要与时俱进，及时转变自己的教学观念，尤其是对于理论性的教学内容，要利用多媒体教学技术的优势将原本枯燥的理论更形象地讲解给学生。例如，在讲"计算机的发展史"的时候，教师不仅要将计算机的发展年代及结构讲解给学生，还可以利用多媒体技术将课程内容以图片或影片的形式展示给学生，从世界上第一台计算机的诞生开始，将计算机发展的四个阶段中所使用的电子元件的结构特点和理论讲解给学生，不仅让学生掌握计算机的发展变化，还要让他们了解计算机在发展过程中电子元件构造的实质性变化，为学生深入研究计算机的课程内容打下良好的基础。

2. 多媒体技术在计算机实践性课程当中的应用

相对于计算机理论课程，实践性的课程知识教学如果没有多媒体技术的支撑，几乎是无法正常运行下去的。在多媒体技术还没有被广泛应用的时候，教师普遍反映学生的计算机实践能力差，课堂的教学效率低，尤其是在对计算机开发工具和软件应用等方面专业技能的授课过程中，学生往往会听得云里雾里，很难把握住教师所讲的实践性知识。例如，在讲到软件的开发和使用时，一般都需要用到多媒体技术作为计算机操作的硬件平台，离开多媒体技术的支撑，课程就很难进行。只有连续使用多媒体技术才能使学生掌握计算机实际的操作方法，对于VB（Visual Basic）课程的教学来说尤其如此。例如在讲到创建窗口这个知识点的时候，教师首先要向学生展示按钮、文本框和窗体的控件和对象，以及它们各自的属性和外观形态，指出编写程序的位置，讲明编写程序的原因，再给出相应的程序代码，然后进行调试程序，最后利用课件来演示整个程序的运行过程并得出相关结果。只有经过这样一个过程，学生才能更好地理解计算机的实践操作程序，取得更好的学习效果。

  3.多媒体技术在计算机理论和实践相结合课程中的应用

  计算机课程实际上是一门需要理论知识和实践操作相结合的课程，这两者是紧密联系的，因此在理论和实践相结合的课程教学中，多媒体技术的应用性特点能得到很好的发挥。采用多媒体技术进行授课，能够使教师将概念表述得更加清晰，也能将理论知识充分地融入计算机的实践操作当中。将理论与实践相结合，不但能够使学生牢固掌握基础知识，也能提高学生计算机的实践操作能力，促进学生的全面进步。

三、多媒体技术对计算机课堂教学的优化

  在现今这个计算机技术日新月异的时代，计算机已经被应用在各行各业，并且进入人们的日常生活中。在飞速发展的时代里，它给人们带来了诸多便利，而作为当代最先进的科学技术之一的多媒体技术，更是集计算机、声像以及通信技术为一体，是连接并控制的使用声音、文字、图形以及动画活动图像等的媒体系统。

  多媒体技术可以让信息在不同的界面流通，拥有良好的交互性与同步性功能，非常适用于教学过程。在大学计算机教学中使用多媒体技术，不仅能为教学提供很多极具代表性和实用性的先进教学办法，而且多媒体技术本身所具有的特点还能让大学计算机教学充满活力，充分展示多媒体技术无与伦比的优越性。

1. 大学计算机教学利用多媒体技术的好处

计算机这门课程对于操作性的要求很高，学生在学习的过程中不仅要把理论知识掌握好，还要有较强的实际操作能力，能自如地应用各类计算机软件，自行去解决计算机实际操作中出现的硬件问题，这样才算真正地把这门课程掌握好。应用多媒体技术辅助大学计算机教学有助于提高学生在这门课程上的实践能力，能有效地辅助学生更快更好地将计算机的理论知识与实践操作相结合。

（1）丰富了教材内容

高校的教材内容晦涩难懂，知识体系结构复杂，一些重要的专业术语学生很难从本质上真正掌握。尤其是理工科学生，一些常见的专业图表、各种表示特殊内涵的符号对于初学者来说都是陌生的，他们不知道这些符号在什么地方才能使用，如何使用，用了这种符号又有什么特别的含义，等等。如果仅仅依靠教材的文字解释、图表说明，无论是学生还是老师，即便很努力，也很难真正去领悟、传达这些知识。如果学生在课堂上听不懂，就难以集中精力，难以对专业产生兴趣，那他所学的专业技能几乎为零，从某种程度上来说，他的求学之路就是失败的。而当老师面对一群没有学习兴趣的学生时，他对传道、授业、解惑的职业要求也就少了几分心思，不会花太多精力去教学生更多的东西。

但是，当多媒体技术与教材内容完美结合时，课堂教学效果就能大为改观。学生通过投影仪可以看到动态的图片展示，许多重要的基本概念老师都提前用不同的颜色做了标注，学生在听课过程中也会根据重点做好笔记。一些难点、重点问题，教师可以通过多媒体进行生动形象的案例分析、当场演示，帮助学生理解。相对于传统教学方式，多媒体教学为教师和学生都节省了大量时间，也就有更多时间进行专业知识的扩展。学生课堂上能听懂、愿意听，浓郁的学习气氛就开始弥漫在课堂上，这样不仅加深了学生对于知识的理解，而且老师在授课过程中也可以全身心地投入，更有教学热情，对提高学生知识的储存量很有帮助。

（2）提高了办学效率

传统的教学方法在社会变革与进步中总要不断地寻求突破，紧跟时代步伐才能在竞争激烈的社会中找到属于自己的位置，高校的教学发展亦如此。多媒体技术作为计算机网络技术的一种衍生物，从被创造性地发明到不断改进，再到最后的广泛应用，这个漫长的过程投入了许多工程师大量的心血。如今，在高校计算机教学过程中已离不开多媒体技术的辅助，它的地位也在不同程度上反映了某些高校的专业特色。高校在计算机教学过程中大量使用多媒体技术，使教师在授课过程中省去了许多繁杂的辅助工具，这不仅减轻了教师的负担，也间接为高校节约了成本。

计算机是一门技术性很强的专业学科，只有拥有了扎实的理论基础，才能更深入地了解专业知识的内涵，进而在实践的过程中做出理想的产品。多媒体技术的使用提高了教学效果，使一些专门从事计算机教学的高校持续培养出一批又一批高素质的学生。这些学生在未来的就业过程中将得到更多公司的邀请，在增加高校就业率的同时，也为高校赢得了大量企业的一致好评。这就保证了高校在社会上拥有良好的口碑，使办学效率不断提高。

（3）拉动了社会效益

当一所高校的某些专业赢得了广泛的社会认可时，就会吸引很多学生选择在该学校就读。如果多媒体技术逐渐渗透到某高校计算机教学过程中，该高校计算机领域的教学就会慢慢具备高水准的竞争力。学生专业素质过硬，教学模式独树一帜，社会品牌效应良好，这就使得该高校在长时间内拥有充足的生源和更多的吸引力，而其所在的城市也会因为大量学生的消费，间接地促进某些行业的经济增长，其中餐饮业和服装业的增长效果最为明显，因为很多学生刚进入一个陌生城市生活时，会去了解这个城市的特色，着装打扮等一系列东西也会进行改变。因此，多媒体技术的使用，不仅使高校在计算机教学过程中增强了自身的竞争力，而且也间接刺激了高校所在城市的部分消费，这对于某些发展迟缓的行业来说也是非常可观的改善，有利于社会的和谐稳定。这些社会效益产生的影响是无法估量的。

（4）提高了学生的自主创新能力

计算机科学在不同方面影响着社会的变革。作为一门引领社会进步的科学，熟练掌握计算机应用的人才是社会企业极其需要的。多媒体技术在高校计算机教学过程中的创造性使用，使很多学生意识到了科技力量的强大和科学知识的重要。多媒体技术的使用，让很多就读于计算机专业的高校学子感到新奇，内心自主创新的想法总会时不时地被激发出来，这有利于他们不断地独立思考，形成自己独特的思维模式。在各种大胆想法的刺激下，他们自然而然地会去亲自实践，很多科技产品便在他们不经意的想法中诞生了。同时，计算机专业的学生也会参加一些全国性的科技创新活动。在比赛过程中，他们的一些潜在智慧便被激发出来，自主创新的意识也会慢慢形成。当一个人有了相当强的自主创新能力，他的价值就会在不止一个行业中得到体现，因为他的产品可能惠及多个行业，方便许多人的生活。国家的进步需要科技力量的推动，国家的发展需要创新型人才。衡量人才的重要标准就是他是否具有创新意识，是否具备自主创新能力。多媒体技术的影响将会使更多计算机专业的学生具备一定的自主创新能力，这不仅有利于这些学生个人的发展，更有利于国家的进步。因为自主创新能力的高低，能够衡量一个国家在科技领域的发展水平，强大的科学技术会使国家有更好的未来。

2. 利用多媒体技术优化大学计算机教学的具体方法

（1）在能保证师生都有电脑操作的硬件前提之下，配备教学使用的电脑软件，让教师在讲述理论知识的同时给予学生实际操作的演习，把理论知识实际化。加强教师对于多媒体技术的使用操作能力，让教师真正做到将理论知识用多媒体展示，从而提升学生的理解能力。例如在计算机编程教学过程中，学生面对一堆复杂的程序语言会产生一定的恐惧感及抗拒感，而教师在教学过程中应用多媒体技术将这些复杂的编程展示出来，边讲边操作，让抽象的编程过程实体化，让程序编程概念形象化，可以帮助学生更容易理解、接受编程知识，而边学边动手操作练习还能提高学生初次编程的成功率，提高他们的自信心，激发他们继续探索研究的兴趣，达到更佳的教学效果。

（2）结合多媒体技术的应用，开发适用性教材。计算机教学利用多媒体技术进行辅助教学时，必须让多媒体技术真正成为大学生计算机课程中的一个要素，辅助教学的同时实现教材内容与教学目标有机地结合。适用的大学计算机教材，让多媒体技术的教学辅助功能得以充分发挥，通过合理的课堂教学设计，使学生在学习计算机课程中形成理论知识概念分析的自主性，掌握计算机实际应用的操作性，让多媒体技术成为他们发展计算机方面的能力的一个重要元素，从而达到计算机教学的目标，与此同时也能达到教学过程的最优化。

计算机教学过程要随着时代前进的步伐不断地进行观念更新，不能被过往的传统模式所局限。结合时代发展，利用多元化的教学手段，采用创新的信息技术，将教学的难点、重点简易化、形象化地传授给学生，使学生充分理解教学内容，达到教学目标，培养出一批能与现实社会接轨的人才。

计算机教学与多媒体技术相结合，是计算机课程复合型教学方法的体现，提高了计算机课程的教学效果，避免了知识的单一与抽象，增加了教学的整体功能，加大了计算机课程的实际操作性，加速了大学生对于计算机知识的感知与理解，提高了学生对于计算机技能的掌握，全面提升了学生的综合素质。在不断的探索、尝试与总结中，提升多媒体在计算机教学中的辅助作用，可以为大学计算机的教学质量奠定扎实的基础。

第三节 基于多媒体技术的计算机教学模式

一、多媒体计算机教学环境及其组成

1. 多媒体计算机教学环境的概念

多媒体计算机教学环境主要指以校园网为媒体信息传输通道，以校园网中的多媒体信息中心、计算机辅助教学中心和计算中心等网络节点为信息资源库，以多媒体计算机教室为教学实施场所的综合计算机教学实验环境。其中，多媒体计算机教室是多媒体计算机教学环境的重要内容，是多媒体计算机辅助教学系统的重要组成部分，在功能和形式上继承和发展了"电子教室"这一术语，是指将计算机辅助教学和辅助实验融合在一起的

三位一体的计算机教室。在这里，学生不仅可以学习计算机（对象）知识，还可以通过计算机（手段）学习其他课程，更重要的是，教师给学生上课不再是通过黑板与讲义，而是通过课件向学生传授和讲解知识。教师对教学或实验过程的控制是通过计算机来实现的，学生接受知识也是通过计算机，但学习的主动性和灵活性得到明显的提高。可见，多媒体计算机教学环境的主要特点是课堂教学与课堂管理的计算机化，知识的载体是课件，教师和学生的交流是通过网络计算机，学生做作业和做实验变为对计算机的操作。多媒体计算机教学环境同一般的计算机房不完全一样，一般的计算机房只给学生提供把计算机作为对象和手段进行学习的途径，不提供教师参与控制教学和实验过程的机制。另外，多媒体计算机教学环境在实现教学和实验课程合一、提供 MCAI 课件开发制作平台方面具有独特优点。

2. 多媒体计算机教学环境的组成

多媒体计算机教学环境的宿主结构是校园网。

校园网是一个学校提高教育、科研和管理水平的重要基础设施。校园网络的基本策略之一就是让校园网成为综合性的信息传输与处理工具，包括提供计算机辅助教学、教师和学生进行科学研究、图书情报资料检索、学校行政管理信息处理和现代通信等网络服务。为适应多媒体计算机教学环境的要求，网络上能够传输的媒体信息不仅仅是数据，还应包括声音、图形、图像和超文本等，是一个多媒体综合数字网。

可以设想云计算辅助教学（Cloud Computing Assisted Instructions，CCAI）作为校园网的一个节点统筹全校的计算机辅助教学工作，下分计算机辅助教学、计算机辅助工程（Computer Aided Engineering，CAE）和计算机管理教学（Computer Managed Instruction，CMI），其中 CAI 和

CAE 均可接入多媒体计算机辅助教学的场所，它能从校园网得到广阔的资源服务。单从辅助教学和辅助实验的需求看，师生通过网络可享受以下几方面的服务：

（1）学生通过网络可以应用各种 CAI 资源和多媒体资源，包括各种 CAI 课件和多媒体课件，而这些课件资源主要配置在 CMI、CCAI 等校园网络节点上。

（2）通过网络可以查询和使用有关课程和实验的教学信息，包括课程教学的科学计算、课程设计、数学模型分析、物理现象仿真、实验教学的规范以及操作指导等。

（3）通过网络可获得用于多媒体和 CAI 课件制作的软件资源，以利于智能化计算机辅助教学系统的研究和发展。

3. 多媒体计算机教学环境下的教室

多媒体计算机教室是实施多媒体计算机教学的重要场所，是多媒体计算机教学环境的重要内容。从计算机辅助教学和辅助实验的角度分析，多媒体计算机教室的组成应满足下列要求：其一，适合"集中管理、分散辅导"的模式，有助于增强学生的主动性。其二，适合学生上机交互方式的图视化和语音化，有助于提高学生的兴趣和积极性。其三，适合新型计算机辅助教学系统的发展，如 ICAI 等。所以，多媒体计算机教室应该是一个多媒体计算机网络系统，在这个网络系统上能够传输超媒体（Hypermedia）和超文本信息，并有丰富的可共享的软件资源和可供开发制作多媒体 CAI 课件的软件平台。

（1）教师机/服务器

教师机是教师向学生演示教学内容、下达教学任务、查看教学情况和控制教学进程、记录教学成绩的计算机。教师通过教师机实现课堂教学的计算机化。教师机的另一功能是服务器，为学生机提供资源共享和信息服务，如数据库和课件储备、进程记录和成绩查询等。

（2）学生机

学生在学生机上学习的方式是多媒体网络环境下图形界面的全交互方式，一方面学生是课件辅助的对象，享受CAI的服务。另一方面又是课件的参与者，是CAI的一部分。另外，学生在学生机上可接收来自教师机的各种指令和任务，查询教师机上的各种记录和档案，也可向教师机发出求助信息以及与其他学生机通信等。同一般教室相比，在多媒体计算机教室上课有如下特点：

①学生学习的主动性

学生可以根据自己的特点自主决定上课或实验内容、安排学习顺序、选择课堂作业，并可随时根据进展情况读取教师机指令，在遇到"难题"时，请求导航和发出求助信号。

②学生理解的准确性

由于计算机传递和处理的都是数字信号，计算机中运行的课件为学生展示的讲解、范例、注释、实验及习题的解答有助于学生更准确地理解所学内容。

③并行性

在多媒体计算机教室，上课和实验既可分开进行，也可同时进行，特别适合通过实验过程和结果来讲解理论或定律的课程教学。上课与实验的分与合，取决于课程的需要和所使用的课件。

④交互性

多媒体网络环境使学生可以全方位地与计算机进行交互，学生学习的兴趣和积极性将得到极大的提高。学生机除了是学生上课或实验用机外，还应该是多媒体课件和 CAI 课件的开发用机，所以它的配置要求也较高，除了可不带光驱、使用一般显示器和较小硬盘外，其他均不在教师机的配置之下。

（3）大屏幕投影系统

大屏幕投影系统是教师现场向学生演示、指导、示范和培训的显示系统，可以由学生机一样的节点机和投影设备组成。它的功能主要在于集中演示，配有专门的课件和软件，既不同于教师机，也不同于学生机。

（4）网络系统

在配置网络时，要结合网上传播的数据类型及传输速率来选择网络协议和介质访问控制方式。多媒体网络上传输的数据类型有声音文本、图形图像文本、超文本和超媒体数据。

（5）闭路监视系统

这是可选的辅助系统，其信号直接传到 CCAI，有利于提高管理水平，完善多媒体计算机教室的功能。

教师的授课过程是一个知识的传递过程，计算机辅助教学就是在提高学生的理解能力、增强学生注意力和提高学生学习主动性方面发挥计算机的优势。多媒体计算机教学环境为学生创造了好条件，作为多媒体计算机教学环境的重要组成部分，多媒体计算机教室在加强课堂教学管理和提高学生学习主动性两方面是统一的。从计算机辅助教学"集中管理、分散辅导"的模式看，多媒体计算机教室具有以下功能：

演示功能。教师通过教师机演示要讲解的内容，这些内容通过网络既可以直接传递到学生机上，也可以传递到大屏幕投影系统；既可以公开现场教学，也可以辅导个别学生。演示方式灵活可选。

服务功能。教师通过教师机向学生下达教学实验任务，布置单元测试练习，安排教学实验进程，记录成绩，观测实验结果，实时通信通邮，完成提问答疑。个别辅导与群体辅导相结合，层次高低、进度快慢相分离。

监视功能。在教师机上教师可以查看每个学生的教学实验进展情况并对进程进行控制，为进度快者增加难度，为进度慢者提供帮助；查阅记录，对成绩不合格者指示重复信息；检查请求帮助信息，为申请帮助者提供导航。

控制功能。教师通过教师机核实学生机注册者的身份，控制注册的时间和位置；指定操作者操作的内容，对违反操作规程的予以警告，严重者收回操作权限，对突发事故予以纠正。

多媒体计算机教学环境以及其所依据的校园网都是实现多媒体计算机辅助教学的硬件条件，有了这些条件，就可以围绕计算机辅助教学开展两个层次的应用。一是计算机辅助教学的应用，这需要大量高水平的 CAI 课件和多媒体课件。二是计算机辅助教学的进一步研究和 ICAI 课件的开发，这将促进计算机辅助教学的发展。可见，课件开发是计算机辅助教学应用的关键。

二、多媒体计算机辅助教学课件的评价体系及制作

多媒体计算机辅助教学是一种新型的现代化教学方式，也是当今世界教育技术发展的新趋向。CAI 的兴起是教育信息化最具代表性的标志，为

我们提供了现代化的教学手段，为教学改革、提高教学水平和质量创造了有利条件。

随着 CAI 的推广和应用，CAI 课件的制作越来越成为广大教师应掌握的一种技术。在具体的教学实践中，教师只有围绕教学内容、教学目标和教学实效，以现代教育理论为指导，精心选择和制作多媒体课件，准确把握多媒体计算机辅助教学的最佳作用点和作用时机，完善常规管理和评价体系，才能切实提高课堂效率，促进学生能力的培养和综合素质的提高。

1. 多媒体计算机辅助教学课件的评价体系

（1）一般地讲，对教育软件的评价包括以下六个方面：

①教育性：满足教育需求的能力。

②可靠性：在规定的条件下和时间内成功运行的程度。

③科学性：用户对学习、操作使用效果的评价。

④经济性：使用时间和资源的特性。

⑤可维护性：对软件修改的难易程度。

⑥通用性：可装配性和可移植性。

（2）教学课件有其本身的特点，对它的评价除了以上几个方面，更重要的是对其教学内容和教学质量的评估。以下是著名的 K12 教育教学网对 CAI 课件的标准评价体系，主要考察五个方面：

①科学性

描述概念的科学性：课件取材适宜，内容科学、正确、规范。

问题表述的准确性：课件中所有表述的内容准确无误，模拟仿真形象举例合理。

引用资料的正确性：课件中引用的资料正确无误。

认知逻辑的合理性：课件的演示符合现代教育理念。

②教育性

针对性：课件的制作符合教育方针、政策，紧扣教学大纲，内容完整。

直观性：课件的制作选题恰当，直观、形象，重点突出，分散难点，深入浅出，利于学生理解知识。

启发性：课件在课堂教学中具有较大的启发性，促进学生思维，培养学生能力。

创新性：构思新颖，界面讲究，富有创意，重点考察课件能否支持合作学习、自主学习或探究式学习模式。

趣味性：利于调动学生学习的积极性和主动性。

③技术性

多媒体效果课件：恰当运用多媒体效果，图像、动画、声音和文字的设计合理。

交互性课件：交互设计合理，智能性好。

稳定性课件：在运行过程中不出现故障或对出现的故障有解决方法，可移植性强，能够在不同配置的机器上正常运行。

④艺术性

画面艺术：画面制作具有较高艺术性，整体标准相对一致。

语言文字：课件所展示的语言文字规范、简洁、明了。

声音效果：声音清晰、无杂音，对课件有充实作用。

整体效果：媒体多样，选材适度，设置恰当，节奏合理。

⑤使用性

可操作性：操作简便、快捷，操作方式前后统一。

实用性：适合教师日常教学应用。

容错性：容错能力强。

完整性：文档资料完备，操作说明完整。

从以上标准可见，CAI课件的评价重点是其科学性和教育性。因此，在制作课件时一定要切实了解课件是否适合学生，是否能提高教学质量和效率。

2. 多媒体课件的开发过程

（1）需求分析

在开发多媒体课件以前，必须明确以下几个问题：

①使用课件要达到的目的。通过深入细致的分析，明确以下几个问题：本节教学内容的重点和难点是什么？哪些问题使用传统的教学方法不能解决？如何利用多媒体辅助手段突破教学难点？

②采用何种教学模式。根据课程内容的特点，确定本节课是以教师讲解、演示为主，还是以学生自学、练习为主。

③课件的内容。并非所有的教学内容都适合或有必要使用多媒体来呈现。例如，被描述的对象太抽象（如立体几何）、太大（如天体运动）或太小（如分子的热运动）等，无法用实物来展示，通过视频剪辑或动画模拟，学生很容易看清变化的过程和原理，运用多媒体模拟是很合适的；那些一目了然或用其他教学媒体就能使学生快速掌握的内容，则没有必要制作多媒体课件。

④教学对象。不同年龄段的学生认知结构差别很大，多媒体课件的设计应与学生的认知特征相适应。对中小学生应多采用图形、动画、音乐等直观、形象的素材，以适应其直觉思维；大学生已开始由直觉思维向抽象

思维过渡，应通过多媒体课件引导学生学习抽象概念，提高逻辑思维能力。

⑤其他因素。如课件的运行环境、设备的配置、素材的获取等也应认真考虑。

（2）教学设计

这是多媒体课件开发中最重要的一环，注意如下步骤：

①对所选教学内容进行深入细致的分析，了解大纲的要求，分析重点、难点，明确教学过程中使用传统教学方法难以解决的地方在哪儿。

②对课件进行需求分析，明确应用课件要达到的目标及相对应的教学模式（课堂教学型、课外自学型、练习辅导型），并以此为依据大体规划所需的媒体表现形式。

③深入规划课件所涵盖的教学内容，明确课件的板块构成并确定各板块所涉及的内容，明确整个教学过程在课件各部分中的表现形式。力争版面色彩柔和，搭配合理，符合学生的视觉心理。

版面设计通常划分为三个区域：教学信息呈现区、交互区及帮助区。教学信息呈现区是让学生认知的主要区域，主要呈现知识内容、演示说明、举例验证、问题提问等教学内容。该区域一般安排在屏幕左侧，面积开阔，颜色鲜明。交互区主要指提供课件操作方式的区域，通常设置在屏幕下面或右下角。帮助区是显示对学生的引导、提示和帮助信息的区域，常设置在屏幕右上角。

（3）编写脚本

脚本的设计要按照教学设计的要求，并结合所用软件的特点来进行；要对制作过程进行全面、细致的划分，并以书面形式详细地写出来。脚本的创作通常分为两步进行：

①文字稿本的创作。即根据主题的需要，按照教学内容和教育对象的学习规律，对有关画面和声音材料分出轻重主次，合理地安排和组织。

②编辑稿本的编写。编辑稿本是在文字稿本的基础上创作的，是文字稿本的引申和发展，而不是直接、简单地将文字稿本形象化。

（4）准备素材

恰当地选择多媒体课件的素材，能更加丰富课件的表现力，调动学生的学习积极性。素材的准备工作一般是指文字的录入，图形、图像、音乐的获取和编辑，视频的截取和动画的制作，等等。这一阶段涉及面广，设计时要注意以下几点：

①文字内容的设计：

a. 文字内容要简洁、重点突出，以高度概括、提纲式为主。

b. 文字内容要逐步引入。文字资料，应该随着讲课过程逐步显示，这样有利于学生抓住重点。

c. 采用适宜的字体、字形、字号及修饰。不同的字体有不同的适用范围，对于课件中关键性标题、结论等，要用不同的字体、字号、字形和颜色加以区别，如宋体适用于标题字幕、黑体适用于标题和文本重点部分等。为了突出文字所表达的内容，通常要采用特殊的修饰，如下划线、斜体、阴影等。

②声音的设计：在多媒体辅助教学课件中，合理地加入一些音乐效果，可以更好地渲染气氛、烘托环境、表达教学内容，吸引学生的注意力，提高学习兴趣。

背景音乐效果的设计应注意：背景音乐效果不能用得过多，以免成为干扰信息；背景音乐宜选用学生不熟悉的乐曲，以利于集中学生的注意力；背景音乐要舒缓，不能过分地激昂，否则会喧宾夺主；要设定背景音乐的开关按钮或菜单，便于教师控制。

③图形、图像、动画、视频的设计：图形、图像的内容要便于观察，动态图像要流畅、自然，无停顿、跳跃的感觉，且运动的对象一般不要超过两个；复杂图像要逐步显示。对于较复杂的图片，应随着教师讲解分步显示图形，直到最后显示出全图，以免学生抓不住重点。

④颜色的设计：多媒体辅助教学课件色彩的设计，以不分散学生注意力为原则。如色彩配置要真实，动、静物体颜色要分开，前景、背景颜色要分开，每个画面的颜色不宜过多。

⑤其他媒体信息：按钮、热点区域、对话框、图标的布局要合理。在呈现方式和呈现时间、呈现速度的设置上，要考虑学生的年龄和当前的知识环境。

（5）课件的生成、测试与打包

在多媒体开发工具的支持下，按照设计脚本的思路，将准备好的素材有机地组合起来，一个多媒体课件便生成了。为保证课件的正常使用，还需要多次测试，以便能够发现课件中存在的问题，及时修改。测试完毕后，通常还要将制作好的源文件打包，使之生成为可执行文件（.exe），以增加课件的可移植性。

总之，CAI课件反映了我国现阶段计算机辅助教学的形式和特点。优秀的课件应融教育性、科学性、艺术性、技术性于一体。教师应紧紧围绕CAI课件制作的评价标准认真地钻研教材，不断地进行实践研究，制作出形式多样、内容丰富多彩的 CAI 教学课件，充分地发挥其在课堂教学中的作用，最大限度地激发学生的潜能，强化教学效果，提高教学质量。

三、基于慕课的计算机课程混合教学模式

随着海外慕课教学模式的应用与普及，慕课对国内的教育也产生了极大的影响。越来越多的院校开始了对慕课的探索与研究，如学堂在线、果壳网、慕课中国、中国大学慕课等。这些慕课学院为我国在线教育、开放学习、终身学习提供了一个良好的平台。任何人都可以通过网络，免费参与自己感兴趣的课程，让教育更加普及化，更加个性化，更加多元化。

作为一线教师，应改革自身的课堂教学模式，同时结合慕课的特点，引导学生学习方式的转变，优化教师的"教"与学生的"学"——"课内"和"课外"衔接、"线上"与"线下"互联。运用信息化网络技术，不仅能给学生营造新鲜的学习氛围，更能充分地调动学生的积极性与主动性。

1. 慕课的教学模式

慕课作为一种全新的教学模式，与传统的精品课程或视频课堂有着明显的不同。其特点表现为：个性化学习；自主学习；虚拟学习小组协作学习；论坛讨论参与；在线作业与测试。

慕课的学习更注重学生的自我体验，强调学生的主动参与。慕课的课程需要学生在完成教学视频、教学文档的学习后，提交课堂作业、参与课程讨论、相互批改作业，并且完成考核评价及学习证书申请，这些都是传统视频公开课所无法比拟的。

慕课教学的成败在于学习环节的设计，其核心是教学视频的精心准备。学生通过网络学习平台，可以足不出户地体验各类名师上课的风格特点，

并参与其教学环节的设计，也可以体验到同一课程不同教师授课的差异，从而参与自己感兴趣的课程。首先，学生可以通过网络反复观看教学视频或教学课件；其次，学生可以在论坛上相互交流观点，有助于协作学习、相互激励；最后，教师参与论坛讨论，引导学习，有助于教学相长，而且不同的教师可根据不同的教学风格设计出适合不同学生特点的个性化教学环境。

2. 慕课教学模式与传统教学的比较

慕课的交互性优势主要体现在以下几个方面：

（1）慕课的教学视频"短小精悍"，按知识点进行切分，便于学生碎片化地学习。

（2）教学视频穿插自动评分的小习题，检查学生的学习效果。

（3）教师可以通过网络学习社区与学生交流，了解学生学习情况。

（4）可通过学生反馈及时调整教学过程和提高教学效果。

但是，慕课并不能完全取代传统教育。首先，学生校园学习生活的经历、校园文化的熏陶都是在线课程无法替代的。其次，对于一些复杂的学科，需要多维度的观点与讲解，这是慕课无法解决的问题。再次，对于学习接受能力较弱的学生，慕课无法给予足够的学习指导与帮助。最后，慕课上网的教学讨论不能替代师生课堂的教学互动。

因此，慕课并不是解决一切教学问题的灵丹妙药，它并不能完全解决当前教学过程中所面临的问题。但是，如果我们在课堂教学中能够将自身的课程与慕课教学的优点相结合，不但有助于促进学生的学习，也可以提高课堂教学效果和教学质量，同时对学生网络学习、终身学习行为习惯的养成有积极的作用。从长远来看，慕课要长足发展必须实现与实体大学在信用方面的对等，逐步加强课程认证工作。

3. 混合教学模式

"慕课模式+研讨操作"的混合式教学模式，主要是通过视频自主学习、学生课堂讨论与实践、教师指引与评价三个环节进行教学。这种教学模式的好处是：

（1）通过视频教学，解决教师重复讲授基础教学内容的问题，减轻教师授课负担。

（2）实现教学过程以"教"为中心向以"学"为中心的转变。

（3）教师可以将教学重心放在学生指引与答疑上，提高学生的思维与创新能力。

混合教学模式不仅有利于发挥学生参与教学过程的主动性，提高课程学习效果，而且有利于师生互动交流，形成教学相长、平等互助的新型师生关系。

在传统的计算机应用课堂教学模式中，主要是"先教后学"或"先教后练"，课堂主要是教师的舞台，通过教师讲授、学生操作、辅导答疑三个环节进行。在这种教学模式下，无法发挥学生学习的主动性，全体学生千篇一律、按部就班地接受教师无差异的讲授，教师也无法顾及个体学生接受能力的差异，导致学生学习兴趣不高，教学效果差强人意。

基于慕课的计算机课程混合教学模式，就是要把慕课教学模式与传统学习方式相结合，通过构建网络教学平台，使传统的"先教后学"向"先学后教"的模式转变。该教学模式主要是采用慕课的教学模式，包括教学设计、教学资源构建、学生探究学习、课堂实践、学生反馈与教师指导、教学小结六个环节。首先，教学设计与教学资源构建就是通过教师围绕教学目标精心设计并准备好相关的教学视频、课件、任务清单及各种教学资源，引导学生自主探究学习，完成前期的学习准备。教师所准备的教学资源务必具有明确的教学目标，并给予清晰的指引，特别是要体现任务驱动，以便学生能够根据自己学习的需要开展学习。其次，在课堂实践中，并不是放开管理，教师需要引导学生展开操作实践，并针对学生遇到的问题引导学生讨论，及时给予评价。再次，教学资源库并不是封闭的，教师需要根据学生的学习反馈不断进行完善与改进。最后，学生可以根据自身学习特点，对教学资源反复学习，持续改进学习效果，提出疑问，加强与教师的互动。

4. 存在的问题与对策

基于慕课的混合教学模式，虽然有助于提高学生的学习自主性，但在实践过程中还存在以下问题：

（1）教师方面。基于慕课的混合教学模式，对教师的业务水平提出了较高的要求。首先是软件应用方面。教师需要对专业软件有较强的应用技能，如能够掌握并应用视频处理、声音处理、图像处理、字幕处理等软件。其次是时间要求。除了在教学资源制作中需要付出大量的时间外，在使用过程中也需要耗费大量的时间进行维护与改进。此外，还需要教师针对教学需要，收集整理相关资料，这些教学活动都需要教师付出大量的时间，同时要参加相关的技术培训，提高业务能力。

（2）学生方面。计算机教学课程作为一门公共课，个别学生的自主学习积极性并不高。如何提高学生的学习积极性，是教师需要思考的问题。一是提高教学趣味性，吸引学生学习。二是在网页中加入学习时间统计功能，统计学生网络学习时间，作为教学考核的一个部分。

（3）其他。混合教学模式的实施依赖网络教学平台的建设与维护，这就需要高校投入更多的人力、物力进行管理。特别是教学资源的完善方面，并不是一个教师单打独斗就能制作出好的教学作品，它需要一个教学团队长期参与。

通过信息资源进行混合教学有助于提高学生自主探究学习能力，提高教学质量。教师需要认真研究慕课对当前教育带来的影响与挑战，并在教学实践中思考如何将其结合自身课堂教学加以应用，充分调动学生的积极性和创造性，以促进教学质量的提高。

第六章　建立以就业为导向的计算机教学模式

学生接受教育的主要目的之一就是在未来获得更好的就业平台，当前很多就业单位都非常关注应聘者的计算机水平，因而为了给学生未来求职铺平道路，高校在开展计算机教学时就应以就业为导向，进行教学模式调整，确保学生的计算机能力能够满足未来企业要求，成为应用型人才。

第一节　大学生职业素养和职业自我认知现状分析

由于高校扩招的原因，大量的大学生涌入人才市场，高校毕业生的就业压力空前严峻，而2008年美国经济危机的爆发，更使得大学生就业情况雪上加霜。在选择就业的同时，也有一批怀揣理想、敢于挑战的年轻人走上了创业的道路。我国华中地区受经济发展的制约，大学生创业的比例及现状不容乐观，高校是鼓励学生自主创业的，但目前高校自主创业的学生并不多，创业氛围并不浓厚，很多学生对自主创业没有全面的了解，更没有创业的意识。

一、自我认知的内涵及发展

1. 自我认知的内涵

很多心理学家对自我认知提出过不同的见解,虽没有公认的统一定义,但在某些方面达成了共识,即自我认知是在一定意义上对自己的深刻认识和理解,具体包括自我观察和自我评价两部分内容,即个体对生理自我(如身高体重)、心理自我(如思维活动、个性特征)和社会自我(如人际关系)的认识,包括自我感觉、自我观察、自我观念、自我分析和自我评价等层次。无论是个体的成就行为还是心理健康,都有赖于人们对现实(自己的真实情况、客观环境)的准确感知。自我认知是一个不断深化和升华的过程,个体能够认识到自己整个的身体和心理状况,能够将自己的整个心理活动进行合理控制而达到一种无我的境界,并能在这个状态中不断地超越自我。同时,在这个状态中,认识主体已经认识到自己的思想和记忆的关系,并认识到自己在认知中的地位。最后,这个自我很可能在形式上被抛弃,可以在空间上纵观自己的整个心理状态和完全的自我运作模式,而不是整个自我都斡旋于思想和记忆的范围内。从认知自我(包括认识自我的性质和运作方式)到抛弃自我、达到无我,是一个不断超越的过程,这是现阶段自我认知的最高状态。

2. 自我认知的发展

从1890年美国心理学家威廉·詹姆斯把自我概念引入心理学,认知革命取代了行为主义而成为心理学的主导势力,自我在心理学领域也几经浮沉。詹姆斯与米德曾提出把自我分为"主体我(I)"和"客体我(me)",即把自我一方面看作主体来认识,另一方面看作活动的对象或内容来认识。"主体我"表示自己认识的自我,主动地体验世界的自我;"客体我"表示物质的自我,即自我的身体、生理等要素组成的血肉之躯。詹姆斯认为,三种"客体我"(物质我、社会我、心理我)都接受"主体我"的认识和评价,一般来说,两者大致相同时,自我表现为一定的心满意足;当两者发生矛盾时,自我表现为一定的欲望和追求。1939年,哈特曼发表的《自我心理学与适应问题》一文标志着自我心理学的成立。1998年,包梅斯德在他的《社会心理学手册》一书中对自我问题进行了详尽的研究,提出个体对自己的认识以及在此基础上的评价会随着个体发展和社会经验增长而逐渐建立起来。

二、高等院校大学生自我认知现状分析

1. 大学生自我认知普遍存在的问题

大学生正处于人生的转折与过渡期,面临着建立自我认同的核心发展任务。这一时期的特点是个体自我意识和社会自我意识开始明显发生冲突,现实自我和理想自我出现一些矛盾;即将步入社会的焦虑、渴盼等心理倾向明显增加,理想自我逐步向具体计划发展,自我意识由"高昂"向"现实"转化,但仍是理想自我占据主导地位。在大学生中有一段流传甚广的顺口溜:"大一理想主义,大二浪漫主义,大三悲观主义,大四现实主义。"这句顺口溜的内容可能有点偏离实际,但较客观地描述了大学生在大学阶段"理想—冲突—面向客观现实"的心理发展过程及自我意识的调适过程。

在这一时期,大学生在自我认知方面存在着概念模糊、评价偏高或偏低等现象,而且正处在心理变化最激烈、最明显的时期,心理发展不平衡、情绪不稳定使其面临一系列现实问题,心理矛盾冲突时有发生,容易发生自我认知失调。社会与认知心理学家利昂·菲斯汀格指出,一个人对自己

的价值"是通过与他人的能力和条件的比较而实现的"。

2. 高等院校大学生自我认知所呈现的新问题

（1）基于自卑心理的过低自我认知

部分大学生存在过低的自我认知，原因是过多地自我否定而自惭形秽，进而形成了自卑心理的自我认知。在这种认知水平下，学生容易丧失自信心、进取心，从而引发孤独心理、逆反心理、焦虑心理等，使他们在学习、工作和生活中会产生一种无形的心理负担，紧张感增强，从而限制自己智慧和能力的正常发挥，导致学习效率不高。这种基于自卑心理的过低自我认知，造成大学生本身的不自信或妄自菲薄，甚至有破罐破摔的消极心理，使其在自我意识完善过程中，有时不能客观地认识和评价自我，出现自我认知偏差，甚至造成自我认知障碍。

（2）基于自以为是心理的过高自我认知

部分大学生存在过高的自我认知，形成与周围环境相脱节的堡垒式自我认知。这些学生认为人生的目的是"干一番轰轰烈烈的大事业"，并对实现这一目标的可能性毫不怀疑。还有相当一部分学生，一方面在现实世界表现出自卑心理，另一方面在虚拟世界中表现出极高的自我认知，网络成了他们逃避现实的一个避风港，对于网络表现出了不正常的依赖性，对成功的渴求使他们甘愿生活在虚拟的世界中。而实际上，这些学生把荣誉或引起人们的羡慕、赞赏作为一种生活追求，他们很在意别人对自己的评价，但又不愿意承认或在潜意识中不接受这种评价，始终在主观上建立起以自我为中心的价值观。这种过高的自我认知使得他们总是处于较强的自束和更强的情感波动之间的矛盾中，一旦目标、愿望不能达到，就会背上沉重的思想包袱，被压得喘不过气来，造成精神过度紧张。

三、自我认知对大学生就业的影响

大学生处于成年初期,在这一时期,自我认识蓬勃发展,社会生活领域也迅速扩大,特别是正处于就业时期的毕业生,"我该怎样选择我的职业""什么样的工作有利于发挥我的才能""这是我期待的工作吗"等一系列与就业密切相关的问题,始终困扰着他们。

1. 就业过程中的因素

大学生在就业时难免会遇到各种各样的问题,这就形成了一系列的就业反应。这些反应既可以是理性的,也可以是非理性的。然而,过多的就业困难可能会导致大学生的极端反应。对于同样的就业情境,不同的自我认识会产生不同的就业反应。自我认识是一个人对自己的认识和评价,是对自己身心状态及对自己同客观世界的关系的认识,也反映了人与周围现实之间的关系。自我认识包括自我观察、自我分析和自我评价,这三部分对大学生就业的心理影响也是不同的。

2. 自我观察对大学生就业的影响

自我观察是为更深层次的自我了解奠定基础,也是自我认识的基础。自我观察是对自己精神状态、形象以及他人对自己的印象、自己的人生观和价值观等方面的系统了解。如果大学生对自己没有系统的了解,在就业时就容易产生自卑心理。

社会心理学研究表明,由于第一印象的影响,在总体印象形成上,最初获得的信息比后来获得的信息影响更大。因此,在大学生就业时,用人单位往往根据第一印象来决定大学生的去留。而有些大学生在就业面试的时候不太注意自己的个人形象,面对面试人员的问题不能结合自己的情况做出合理的回答,导致无法顺利就业。接二连三的失败,让大学生在就业时很容易产生自我否认的倾向，总是怀疑自己的能力，最终形成自卑心理，从而减少了成功的机会。大学生通过初步的自我观察，了解了自己的基本状况，在就业时便能从容面对，更好地把握就业方向，在众多的就业单位面前，根据自己的人生观和价值观学会取舍。

3. 自我分析对大学生就业的影响

自我分析是指个体把从自身所观察到的思想与行为加以分析、综合，在此基础上，概括出自己个性品质中的本性特点，找出有别于他人的重要特点。每个人都有其社会价值，不同的人适合不同职业。大学生在求职时，面对众多的就业机会，因为不知道自己适合哪种职业，容易产生从众心理。处在各方面的压力下的大学生很容易迷失自我，找不到自己的特点和优势，从而引发嫉妒心理。

（1）从众心理

人是社会性的动物，个体由于认识和经验的不足，在许多未知的情境中，人们会选择大多数人的行为模式作为自己行为的参照。目前，不少大学毕业生选择大城市、知名企业、政府单位等物质条件较好的就业单位，他们觉得只有在这种环境下才有利于自身的发展，才能实现自己的理想和抱负。许多毕业生对自己的认识不足，加上没有就业经验，从而产生从众心理，不愿意到急需人才的基层单位和条件相对较差的偏远地区就业。有些大学生虽然目标明确，但是看到那么多同学选择地域条件较好、物质待遇高的岗位，在这种群体压力下，自己也变得迷茫、不知所措，最终产生从众行为。大学生在就业时，要考虑自己所选的职业是否适合自己的专业，是否能发挥自己的才能和专长，只有了解了自己，在任何情况下都能做出相应的分析结果，进而制定相应的对策。

（2）嫉妒心理

大部分人都不愿输给别人，习惯和别人做比较。而每个人都有其优势和劣势，在比较的过程中，如果用自己的劣势和别人的优势相比较，就可能让自己处于被动地位，嫉妒就会悄然而生。大学生在就业时，个体与个体之间存在强烈的竞争意识，看到别人某些方面超过自己，于是变得眼红和不甘心，并为此恼怒。除了内心的怨恨之外，绝大多数嫉妒都伴有发泄行为，如讽刺、诽谤甚至伤害。只有当看到别人和自己同等或不如自己，嫉妒者才会心理平衡。发挥自己的个性特征，扬长避短，是就业成功的一个十分有利的条件。因此大学生在就业过程中，更要不断地进行自我分析，找出自己有别于他人的重要特点，从而发挥自己的最大优势，为自己的职业选择打下良好的基础。

4. 自我评价对大学生就业的影响

自我评价建立在自我观察和自我分析基础之上，是对自己的能力、品德及其他方面的社会价值的判断。自我评价分为适当与不适当的评价，不适当的评价又分为过高的评价和过低的评价。不适当的评价会使大学生在就业过程中产生不良的心理。

社会心理学家斯旺曾做过一个实验，证明人们确实偏爱确认自我概念的反馈。这个结果表明，在就业中，如果一个人自我评价较高，他就会寻找能确认这个自我图式的信息而排斥否定信息，从而产生盲目攀高心理和攀比心理；而如果一个人自我评价过低，他会寻找能确认自己不足的信息而看不到自己的优势，从而产生过度焦虑心理和消极依赖心理。

（1）盲目攀高心理

大部分条件都不错的毕业生，在就业前便精心构建自己的未来，到了就业时，他们一味地按照自己的想法去选择用人单位，对工作的期望值很高，而不考虑当前的实际情况，最终很难找到自己满意的工作。他们总是错误地理解"是金子总会发光的"，以幻想代替现实。

（2）攀比心理

一部分毕业生自认为很有才华，应该有个好的工作，因而傲气十足，他们认为自己在学业、能力等方面都比他人强，在就业时理所应当优于他人，不应当委曲求全。在现实生活中，我们常常会遇到书本上没有的问题，如果大学生还像在学校时那样一味地孤芳自赏、自以为是，结果只能在就业竞争中四处碰壁或以失败告终。

（3）过度焦虑心理

对于一些大学生来说，很容易把就业的压力化成一种动力，由此产生积极的行为。但是，还有一些大学生，看不到自己的优点，觉得自己不如别人，做任何事情都不会成功。这种过度焦虑的心理，很容易发展成心理疾病，从而影响他们的学习和生活。

（4）消极依赖心理

消极依赖心理，是指在就业中缺乏独立意识和自主承担责任的意识。现在许多学生都是由家长、老师选择专业、学校，渐渐地养成了依赖心理。这些学生往往在校表现也不主动，找不到自己的特点和长处，做任何事都抱着依赖别人的思想，在就业的时候更加依赖家人的社会关系，试图通过关系就业。他们坚信"车到山前必有路""天上也会掉馅饼"，即便有选择就业岗位的机会也不知所措，拿不定主意，最终还是向千里之外的家长寻求帮助，以致贻误就业的最佳时机。

四、高等院校学生对就业的价值期望

随着"精英教育"向"大众化"教育转型,高校毕业生数量逐年增加,就业形势日趋严峻,"公考热""北漂"等现象愈演愈烈,盲目就业、频繁跳槽的现象也相当普遍。造成此类问题的原因是多方面的,包括就业机制市场化过程中法律制度不完善、培养目标与职务要求不对称、专业设置与社会需求不相符等问题。除此之外,毕业生缺乏良好的职业价值观,对自身职业生涯缺乏规划,也是造成学生就业出现种种不良现象的主要原因。职业价值观是价值观在职业行为中的具体体现,即人们从某种职业中所能取得的终极状态或行为方式的信念。如何引导学生顺应时代要求,树立与经济社会发展形势相适应的职业价值观,是高校思想政治教育亟待解决的重要课题。

1. 当代大学生职业价值观教育存在的问题

(1)对职业价值观教育不够重视,认识不明晰

面对空前的毕业生就业压力,穷尽各种措施提升学生理论与实践水平,以增强学生的职业能力,是各高等院校教育教学工作的重中之重。职业价值观的教育不同于就业指导,就业指导侧重于实践操作层面,如在就业政策与信息传达、面试技巧等实务方面给予学生帮助;职业价值观教育的主要意图是培养学生的价值理性,引导他们建立科学的职业价值观念、价值判断、价值信念以及选择能力,合理地与职业生活相结合,引领美好职业生涯的创建,在集体组织和社会发展中成为一个积极的角色。二者在目标与内容上都大相径庭。学生职业能力的提升不能解决学生的职业期望过高、职业价值目标不明确、职业评价偏差等问题。

（2）职业价值观教育内容体系不完善，缺乏时代性

目前，我国很多高校开设了就业与职业规划类课程，但职业价值观教育只是职业规划中的次要内容，没有系统的清晰概念。无论是就业指导教师还是学生，更为关注的是求职中的实务性问题，对职业价值观的关注少之又少。而且，职业价值观的教育未能准确把握当今大学生价值观的多样性与时代性，缺乏对当代大学生个性化差异的了解，致使职业价值观的教育内容缺乏独立、完整、科学的宏观框架体系，背离了社会实际和大学生职业观念，严重制约了职业价值观的教育成果。

（3）缺乏系统的教育模式，施教主体不明确

学生的职业价值观教育是一个系统工程，无论专业课程还是德育课程与就业指导课程，在学生的职业价值观教育中都应承担重要的引领作用。然而，专业课教师关注的是学生的专业技能，就业指导教师关注的是就业指导课程的实效性，思想政治理论课教师面对来自不同专业领域和学科的学生很难做到有针对性地引领学生树立正确的职业价值观，导致因缺乏明确的任务目标指引，职业价值观教育逐渐走入了真空地带。原本应该在系统中整体协作完成的一项重要的教育职能，几乎在高等教育实施过程中被遗忘，或是从系统中被剥离出来，由单独的部门可有可无地承担着，教育效果可想而知。

2.构建大学生职业价值观的教育机制

（1）明确职业价值观教育的基本目标与内容

职业价值观内容体系的完善，需要以国家的教育方针为指导，在把握当前经济社会形势的基础上，结合高等教育培养目标与社会需要及学生的职业价值观特点，完善以下几方面内容：

①加强社会主义核心价值观教育,以此引领职业价值观。

②以职业道德教育为本,帮助学生树立良好的职业操守。

③强化职业认知教育,使学生形成合理的职业预期。缺乏合理的职业预期,过于追求稳定性与工作环境的舒适性,是当前大学生职业选择中的主要问题,也是目前大学生职业认知不清的体现。加强学生的职业认知教育,提高其职业认知水平,可以帮助学生正确认识经济社会的职业需求,了解职业的价值和意义,同时也可以引导学生对自身的知识水平、职业能力、专业特长等职业素养有一个全面、客观的认识与评价,培养学生良好的职业动机与积极的职业态度。

(2)构建系统化、科学化的职业价值观教育模式

职业价值观教育模式的系统化和科学化是提升大学生职业价值观教育效果的基本保障。系统化和科学化的教育模式对职业价值观教育提出了基本要求:教育要有机地渗透到学生在校期间学习、生活与实践的每一个环节,要与高校的教育教学形成有机的整体。

①发挥课堂教学和实践教学在职业价值观教育中的作用

课堂教学是高等教育的主阵地,在专业课堂教学活动中,任课教师应自觉地把职业价值观渗透给学生,帮助学生形成合理的职业认知,塑造学生高尚的职业价值观。同时,通过见习、毕业实习等方式,加深学生对职业的了解和认知,在培养学生专业操作能力的同时,也培养其踏实的职业作风。

②强化思想政治理论课程在职业价值观教育中的指导作用

当前,思想政治理论课仍然是学生价值观培育的主渠道,因此,对学生的职业价值观教育需要发挥思想政治理论课的引导作用,将职业价值观

教育有机地融入思想政治理论课教学体系之中，通过教育和引导，使正确的职业价值观成为学生个人理想与奉献精神的基石。

③提高就业教育在职业价值观形成中的引领作用

当前，各高校普遍开设创新就业教育，将职业价值观教育纳入创新就业教育中，并使之成为保障学生形成正确的职业认知的一个重要环节。

（3）强化教师队伍建设

教师是教学目标与教学任务实现的载体，要将专业教师、辅导员与德育理论课教师整合到职业价值观教育的队伍中，形成合力，这是职业价值观教育科学化、系统化的保障。教师要努力提高自身的人文素养，帮助学生树立良好的专业认知，确定正确的职业目标，培养良好的职业价值观。

深入开展职业价值观研究，掌握当前学生职业价值观的发展走向，全力建构符合新时代要求的职业价值观体系，这是大学生思想政治教育课的一项重要内容，也是我国高校思想政治教育工作的一个重要使命。

第二节 以就业为导向的计算机教学的改革

在当前高校的计算机课程教学中，始终存在这样那样的问题，影响着教育改革的进程，缺少因材施教的教育理念、教材内容滞后、评价形式单一，根本无法满足现代化社会的发展需求，这也是基于学生就业视角，当代大学计算机课程教学改革的意义所在，旨在能够提升计算机课程的教学质量。

一、就业视角下大学计算机教育改革的意义

在市场经济飞速发展的今天，现代化社会中的各行各业都需要应用到

计算机系统来辅助工作的开展。在市场就业需求的指引下，各高校都开展了大学计算机专业课程教学，并且针对现有的教学计划进行了改革，目的是在提高大学生计算机专业文化理论素养的基础上，提升大学生的计算机操作能力，让学生可以有效地应用计算机技术来提升自身专业能力，开阔视野，拓宽眼界，能够将计算机课堂上学习到的知识有效地应用到实际的工作当中。通过教育改革的方式，调动大学生计算机课堂学习的活跃性，在动手操作的过程中，善于对问题进行总结思考，在潜移默化中促进学生的全面发展。

二、就业视角下大学计算机教育改革过程中出现的问题

1. 缺乏差异性教学理念

就我国目前大学计算机教育教学现状，从就业视角来看，缺乏差异性教育理念，不能够把握因材施教的教学原则，在面对不同专业和不同计算机基础的学生时，往往没有对这些学生开展差异性的教学活动，而是采取了"一刀切"的教育方法。一部分学生的家庭条件一般，他们从小到大并没有很多机会接触到计算机，所以了解的计算机知识和技术不是很多，而有的学生家庭条件比较好，他们从小就接触各种各样先进的电子产品，因此在大学计算机教学活动中学习速度比较快，接受知识的能力比较强。如果对待这两种类型的学生采用同样的"填鸭式"教学方式，忽视学生在计算机学习上的基础差异，自然就会导致课堂效率不高。教学缺乏针对性，对于基础好的学生，大学计算机课堂教学显得枯燥无味，而对于基础差的学生，大学计算机课堂又显得晦涩难懂。

2. 教材内容滞后

大学计算机教育中教材的内容严重滞后，跟不上时代的发展潮流。同样，对于不同专业的学生的教学内容缺乏针对性，不管是金融类专业的学生还是师范教育类专业的学生，大学计算机课程使用的都是同一套教材，基于老旧教材的教学内容和教学形式都是非常滞后的，有的教学内容甚至还停留在 20 世纪，自然吸引不了学生的注意力，不能满足市场经济的发展需求。而且学校现有的计算机教学基础设备也比较老旧，严重脱离现代化企业的工作生产实际。本来高校大学生应当熟练掌握计算机办公软件，但是却浪费大量时间在计算机二级 ACCESS 能力考试上面，这些 C 语言及编程能力对于非计算机专业的学生来说，在实际应用中的意义并不大，从就业视角来看，这样的大学计算机课程教学可以说是"捡了芝麻，丢了西瓜"。

3. 教学评价方式单一

现有的大学计算机课程的教学评价体系单一，也需要进行相应的教学改革。具体来讲，就是在大学计算机课程的期末考核中，主要还是以理论知识的考核为主，即使有上机操作环节，也无法体现出学生在计算机应用方面的实践能力，而且完全以学生的考试分数"论成败"，忽视了学生学习的主动性，不能体现学生学习的主体性，所以学生很难真正意义上融入计算机课堂的学习中，课堂活跃性差，缺少师生评价、同学互动以及学生自评的环节，对于学生的学习态度、在教学活动中的参与性，以及小组合作探究中的沟通、交流配合能力，都是无从考证的，不能很好地培养大学生的计算机技术创新精神，长此以往，会使得大学生的思维变得僵化、束缚。

第三节 以就业为导向的计算机教学模式的构建

一、以就业为导向的计算机程序设计教学

伴随着社会和企业信息化的快速发展，社会对程序设计人才的需求量不断增长。面对这种就业形势，各级教育部门也加大了计算机程序设计人才的培养力度。由于高校在我国教育结构中所处的地位，其对计算机人才培养有一定特殊性。高校必须认清自己的教育使命，只有了解自身的教育状况和社会对人才的需求特征，才能科学地设计出计算机程序设计人才的培养模式。

1. 软件行业就业需求与培养目标

当前，软件行业的就业形势总体还是需求大于供应。随着社会和企业信息化的快速发展，软件行业人才缺口很大。计算机程序设计人才培养模式的落后，使得软件行业的人才结构呈现"两头小，中间大"的现象，即从事软件行业初级技术水平（软件蓝领）和高级技术水平（软件金领）的人才数量少，大部分人才都处于中等水平。根据这种就业市场的现状，高校应该注重软件领域初级人才的培养，加强中级人才的训练，同时兼顾高级人才的开发。

要满足企业对程序设计人才的要求，就要对学生有精准的定位，尤其是专业技能水平的定位，要以培养初级水平软件人才为主要目标，加强校企联合，以实现学生专业对口就业，在实现专业理论知识教学的同时，加大学生实践能力的培养。实践教学是能实现这一培养目标的良好模式，实

践教学的总体规划就是在教学中要重视实践的地位，使理论教学与实践教学相互渗透，同时加强教师对学生的实践指导，不断提高实践教学的质量。

2. 程序设计人才培养模式的重构

计算机专业培养模式体系结构从纵向看主要由两部分组成，即课程内容和课程安排。从横向看主要由三部分组成，左边是理论课程，包括前沿的技术原理和最新的概念、技术名词；中间是上机实验，主要安排课后习题的上机操作，如数据库系统安装、算法编程实现等；右边是项目实践，主要是较为完整的程序设计和系统开发。通过这样的课程安排，就可以使学生通过循序渐进的学习方式提高自身的理论水平和实践能力。

该培养模式的核心思想就是在加强理论知识培养的同时，注重学生课后的练习，尤其是上机实验。计算机教材一般都有课后实践习题，让学生在课后通过实践操作进一步加深对理论知识的理解和认识，理论和实践才能相辅相成。同时，教师也可以根据自己的经验，为学生布置一些趣味性的程序设计题，从而进一步带动学生的学习热情。在学期末，可以针对课程的特征布置一个较大的课题，比如软件工程课程，可以就某一特定的领域问题为学生布置软件设计的课题，其中包含需求分析、概念设计和UML（Unified Modeling Language）建模等，使学生对软件工程有一个整体而直观的认识。同时可以对学生的作品做一个评选，选出优秀的作品加以点评，在增进学生荣誉感的同时，也为他们提供了知识共享的机会。

在具体的教学过程中，教师应该要善于采用启发式教学方法，加强课堂讨论，与学生进行互动，在答疑解惑的过程中，了解学生的学习进度和对知识的理解程度，要启发和引导学生独立思考问题和解决问题，培养他们积极思维的良好习惯，充分调动学生学习的自觉性和积极性，从而提高他们分析问题和解决问题的能力。

3. 实践教学对程序设计人才培养的重要性

高校应该充分认识实践教学对程序设计人才培养的重要性。实践教学被安排到了计算机专业课程设计中，是社会发展对教育影响的必然结果。实践教学除了针对专业课程的练习题和上机实验之外，还应该安排针对整个课程的课程设计和针对专业培养的项目实践两大部分。课程设计主要安排在学期末，主要是训练学生对某专业课程的综合应用能力，而项目实践则可以安排在学生毕业前，是根据实际案例进行特别设计的，使学生对软件工程有一个整体认识，对就业中的工作模式有所了解。理论和实践相辅相成，通过这种模式培养出的毕业生将更能满足企业的需求。

二、以就业为导向加强实训教学

实训教学对于提升学生的计算机实操能力来说是十分有效的，加强实训教学能够使学生从用人单位需求出发，开展有针对性地学习和锻炼，从根本上提高计算机能力。课程设计、校内外实践都属于实训的范畴，教师要在这些方面投入精力，进行合理安排，增加实训教学的课时，使学生拥有更多实操机会。例如，学校可以与用人企业建立合作关系，在学校内部建成实训基地，以用人单位的人才需要为依据，开展针对性较强的计算机实训教学。通过校企合作，既能够保证学生的计算机能力满足就业要求，未来又能为企业源源不断地输送对口人才，实现双赢。

1. 开设什么样的技能训练

目前，很多高校开设的计算机专业技能训练课程只是象征性的，按照训练大纲完成训练内容，距离教学目标的要求相差甚远，也脱离市场，与社会对技能人才的需求还存在着一定的差距。这样会导致学生应用能力欠缺，出现了学生找不到对口工作、企业单位招不到合适人才的问题。解决这一问题最有效的方法就是计算机专业人才的培养必须符合市场需求，突出实用性和应用性人才培养的特征，摸准市场需求脉搏，构建学生技能训练模式，培养出企业需要的实用型人才。

学校要根据劳动力市场和行业需求设置技能训练，应该加强市场调研、岗位需求分析，根据岗位特征、学生特征合理安排技能训练，甚至可以让用人单位来参与技能训练的设置，或与企业建立协助关系，实行合作教育，让技能训练真正实现与岗位接轨，与实际工作接轨。这样既使学生掌握了必要的职业训练内容，也为学生的就业提供了条件，又可以把在技能训练中接触到的各种信息反馈给学生，使学校不断更新技能训练内容，提高人才培养质量。

通过市场调研可以发现，目前计算机专业的毕业生很少从事软件开发方向的工作，多数毕业生一般会到广告公司从事多媒体设计，或到网络公司从事网页设计或网络维护工作。计算机已经成为各行各业办公的必需工具，对于那些不准备在计算机领域工作的毕业生，掌握使用计算机的基本技能也是就业的优势之一。计算机的基本技能主要包括：管理计算机的程序、文件、磁盘、打印机等；熟练运用Word、Excel、PowerPoint等办公自动化软件；收发电子邮件、搜索信息、下载文件；检测、判断和排除计算机硬件的常见故障；检测、防范计算机病毒等。

高校要加大对大学生计算机基本技能的训练，使每个学生都掌握计算机基本技能；对于软件开发技能的训练，在量上和深度上有所减少和降低；

对于多媒体、网页设计等专业方向的技能训练,紧密联系市场,制订相关的训练计划。高校应以就业为导向,有目的、有计划、有针对性地开展计算机专业技能训练。

2. 如何开展技能训练

(1)为技能训练提供良好的软硬件条件

软件资源中最核心的是担任技能训练的教师,教师实训水平的高低,关系到技能训练教学任务能否顺利完成。所以高校应该培养一批既具备扎实的基础理论知识和较高的教学水平,又具有较强的专业技能的教师,及时为这些教师的知识更新与技能提高创造条件,如鼓励教师参加各种专业技能培训和专业技能考核以及大力加强校企合作,鼓励教师到合作企业中锻炼,积极参与企业科研项目和校企合作项目。除了本校的教师担任技能训练教师外,也可聘请企业中的资深人士和高级技术人员做兼职教师。

建立校内技能训练设备室,以保证基本技能训练活动的开展。如硬件基本技能训练室,主要开展计算机维护与维修、计算机软硬件安装等基本技能训练教学;计算机网络基本技能训练室,主要由微机、服务器、路由器、交换机、测试仪等设备构成,为计算机网络的组网、建网、网络应用、网络管理等技能训练提供实验的支撑环境;计算机软件基本技能训练室,承担各种程序设计、多媒体应用技术、互联网软件应用与开发等基本技能训练;数字逻辑、组成原理、微机原理实验室等。同时,可与多家企业合作建设计算机应用专业校外实训基地,为学生提供更多的实践机会。在满足学生技能训练、实习的同时,达到为社会和行业服务的目的,也使计算机应用专业的办学水平能和行业保持同步发展,拓展学校的教学空间。

（2）技能训练采取的方式

学生是技能训练的主体，学生技能训练的效果是衡量高校技能训练成败的关键因素。

如何激发学生的学习兴趣和学习潜能，让学生把技能训练当作一种爱好、一种喜欢的工作去做，这需要教师认真分析学生的特点，变革技能训练的方式，尽可能培养学生技能训练的兴趣，指导学生灵活地、创造性地把理论知识与具体技能训练结合起来，让学习动机支配学生的学习行为，促进学生积极自主地进行专业技能训练。

① "鼓励+指导+引导"贯穿技能训练全程

大学生虽然是成年人，但是缺乏社会经验和社会阅历，心理成熟度不高，自信心弱，自卑感强，尤其在学习上经受不住失败的考验，一旦老师布置的任务完成不了或考试成绩不合格，就会自暴自弃，产生厌学情绪。所以教师在技能训练教学中一定要注重培养学生的自信心，要多鼓励学生，尽量不批评或少批评学生，关注学生的每一点进步。

在技能训练教学中，教师由传统教学中的主体地位转变成指导者与咨询者，为了凸显学生的主体地位，要将教、学、练三者结合。首先学生在教师指导下有针对性地练习。在学生练习中，教师还要加强个别指导，正确引导，发现学生出现问题，不要直接指出或给出正确的操作或答案，要利用学生已掌握的知识逐步引导，让学生自己找出问题并予以纠正。这样使学生在练的过程中不断学习，既给学生带来成就感和乐趣，也增强其信心，为学生参加技能训练提供了动力。

"鼓励+指导+引导"的技能训练方式，创造了一种以学生为主体的良好的学习环境，引导学生建立良好的学习习惯，促使他们自觉地学、积极地学，逐步提高独立解决问题的能力，为学生在将来的就业中能独当一面创造了条件。

②竞赛激励方式

实施以赛促学的教学模式，即将赛训有机结合，以竞赛为动力激励学生进行技能训练，提高学生的专业应用能力。技能竞赛不一定是院校、省、市或国家举行的，为了做到人人参与，可以在班级内部举行竞赛；竞赛时间也可以是随机的，可以在技能训练课上举行，也可以在课外举行。如全班学生刚完成一道编程题，实现判断任意一个数是否素数，为了巩固学生对此概念和循环嵌套结构的理解，可让学生进行一个小小的竞赛，编程实现将100~500之间的所有素数输出。开展多种形式的技能竞赛，不仅能提高学生的学习兴趣，而且变被动学习为主动学习，强化了学习动力，推动学生全身心地投入学习活动，极大地提高了学生的总体技能水平和综合素质。赛训结合中也培养了学生的竞争意识，学生在具有专业技能的前提下拥有一定的竞争意识，才不易被企业和社会淘汰。

③"小组合作式"教学模式

对于比较大的技能训练任务，可以采取小组合作的方式，将全班学生分组，每组都由5~6位不同层次的学生组成，要求各小组自己分工合作完成任务，每个人都要积极地参与，发挥自己的作用。教师在整个过程中主要是指点、修正、建议。

例如，老师要求学生用ASP（Active Server Pages）开发一企业的办公日志系统，经过前期相似案例的介绍，在学生基本掌握了开发系统的流程后，每个小组在组长的带领下，首先共同完成需求分析，然后进行概要设计，将整个系统分成若干模块，每个组员完成一个模块的详细设计和代码设计，最后将所有模块整合成完整的系统进行调试。从学生完成的过程和结果看，小组合作式技能训练模式，让学生在进行技能训练的同时，学会交流、沟通、倾听、包容和欣赏，合作技能逐步提高。在小组合作式技能训练模式中，虽然主角是学生，但是教师这个配角的作用也是不容忽视的，教师以"引导者"的身份协助学生完成任务。教师在对学生进行指导时要注意方式，要充分发挥学生的主体作用，挖掘学生潜能。如小组某个成员在任务中遇到问题无法解决，可以让其他小组成员帮着解决，如果还是解决不了，教师再进行指点。小组合作将学生个体间的学习竞争关系改变为"组内合作""组际竞争"的关系，培养了他们的团队精神和合作能力，而团队精神、合作能力正是学生必备的职业能力。

④及时、有针对性的企业实习

为了将学生在校内学到的技能和实际相结合，校内专项训练后，院校一般都会把学生送到企业或公司去锻炼实习。将学生及时地安排到企业进行相关的技能训练，提高了学生的信心和就业的能力，但同时也要求高校加大校企联系力度，多创造学生实习的机会。

3.综合的技能评价模式

高校计算机技能训练教学的考核方式一般采用操作考试、实训报告、专题制作、软件编制、撰写论文等，只重视终结性评价，通常以分数作为衡量学生成绩的最重要甚至是唯一的依据。这种简单、片面的评价势必使分数成为学生进行技能训练的"直接动力"，这样不利于学生全面发展。考核鉴定体系应包括日常技能业绩考核、能力和专业知识等多要素。单一的评价方法，或单纯定量的方法、单纯定性的方法，严重影响了评价结果的客观性、科学性。在技能评价中，可把定性方法与定量方法，自评与他评，结果评价与过程评价，诊断性评价、形成性评价与终结性评价相结合，这样既可以充分发挥各种评价方法的优势和特长，又可以互相弥补其缺陷和不足，从而使评价的结果更加客观、公正。多种方式结合的技能评价模式，不仅有助于激发学生学习的主动性，而且提升了学生的学习能力、思考能力、动手能力，为学生的成长和将来的就业创造了良好的环境和有利条件。

总之，要想发展好计算机教育，给学生创造更多的就业机会，就必须树立以就业为导向，以应用性和实践性为原则的计算机专业技能训练模式。在技能训练中，教师应根据学生的特点和技能的种类，采取灵活的技能训练方式，在提高学生专业技术应用能力与专业技能的同时，加强素质教育，提高学生综合素质，培养社会急需的技能型人才。

三、以就业为导向优化教学内容

高校对计算机教学内容的选择必须建立在充分了解市场需求的基础上，以就业为导向进行教学内容的优化与调整。教师除了教授学生基本的计算机知识以外，还应尊重学生的个人喜好和就业要求，增加一些新近的计算机知识，比如 Flash 动画制作、网站建设与推广、Photoshop，等等。这些内容的实践性强，社会需求大，能成为学生求职的重要附加能力。教师在教学时要注意将理论与实践结合起来，比如要求学生用 Photoshop 来完成企业宣传画册的制作、用网站建设知识来建立一个小型的企业网站，等等。学生对理论知识的认识会随着各项实践而不断加强，同时实操能力也将得到大幅提升。计算机教师要时刻关注市场动态，及时将最新的计算机需求引入课堂当中，满足就业要求。

ASP.NET 程序设计课程是北京市某高校计算机应用技术专业的核心课程，该课程的实施效果直接影响学生的就业技能，所以该课程在培养学生岗位能力的过程中非常需要以"工学结合"的方式组织教学，从而有效提高学生的就业能力。该课程借鉴了其他高校的经验，以岗位能力培养为目标，以基于工学结合的课程设计原则为指导，实施了课程教学改革。

1. 基于工学结合的课程设计原则

课程设计的理念体现了课程改革的指导思想，ASP.NET 程序设计课程改革以工学结合的计算机课程设计的一般原则为指导，使该课程真正实现以就业能力培养为目标，以理论够用为度，以实践能力为主的全方位的教学改革。

（1）以 ASP.NET 软件设计师岗位需求为依据

根据相关企业对 ASP.NET 程序员岗位的职业需求，ASP.NET 程序设计课程的内容设置以岗位需求职业能力培养为目标，以岗位工作任务为核心，并以软考软件设计师的资格考试标准为依据。

（2）分析岗位需求，以程序设计的工作过程为导向

深入分析基于 ASP.NET 的软件设计师的工作岗位，课程内容组织以工作任务为中心，深入分析工作过程中的典型工作任务，积极实践"任务驱动、项目导向"的一体化教学模式，突破学科知识逻辑体系，把知识点打散嵌入教学过程中。

（3）注重培养学生的综合职业能力

以学生综合职业能力培养为核心，强化学生职业道德，促进学生专业能力和社会能力的均衡发展，全面提高学生的综合就业竞争力。

2. ASP.NET 程序设计课程教学改革的实施

（1）基于岗位工作选取课程内容

以培养就业能力为导向，以中小型网站和信息系统开发（从系统需求分析、数据库设计到编码和测试）的职业岗位能力为目标，以软考软件设计师的职业考证为参考点，紧紧围绕学生毕业后在各企业从事系统开发和网站设计等职业的岗位需求，组织教学内容。

计算机应用技术专业的学生主要面向软件开发公司、中小型企业或事业单位、商业公司等，毕业后主要从事的工作岗位是信息系统开发、网站开发、软件测试、技术支持与系统维护。这些工作岗位都需要学生有编程基础知识，熟悉软件开发的过程，有一定的开发经验。所以课程内容的选取是以信息系统开发、信息系统管理应用、技术支持与系统维护等工作岗位的需求为依据，并考虑系统开发过程中的需求分析、系统设计、编码开发、系统测试和后期系统的更新与维护等软件开发流程在实际项目中的应用。以长远的目标看学生的就业前景，我们会发现有潜力的学生都会向软件开发工程师、项目经理、技术主管等方向发展，这些岗位的从业人员必须具有编程的理论知识和项目开发经验。ASP.NET 程序设计课程的课程目标就是通过"购物网站首页的设计""投票系统设计""新闻发布系统设计""物流管理系统设计"等四大项目的任务引领教学活动，掌握 ASP.NET 应用程序的配置、Web 页的发布、HTML 静态网页的架构、ASP.NET 内置对象的属性方法和事件、各种 Web 控件的使用等 ASP.NET 程序设计的基本理论知识，熟悉软件开发流程，使学生初步具备使用 ASP.NET 的开发技能，为今后职业能力的发展奠定良好的基础。作为教学过程的载体，教学项目的设计需要从多个方面考虑，首先要考虑学生现有的知识结构，还要考虑项目所涵盖的 ASP.NET 程序设计课程的知识面,并且要考虑项目的实用性。

(2)坚持采用一体化教学模式

ASP.NET 程序设计课程采用"任务驱动、项目导向"的教学做一体化模式,通过程序设计认知实训、模拟开发实训、真实的项目设计、课程设计和最后的毕业设计这一完整的实训过程,有效地实现了工学结合,较好地保持了学生在校学习与实际工作的一致性。

将工作项目的工作过程转移到课堂,以保证教学与工作的一致性。传统的 ASP.NET 程序设计课程是以知识体系讲授为主,辅助地采用一些针对单个知识点的零散的项目进行教学,并没有将真实的完整的工作项目带到课堂上。ASP.NET 课程的改革首先是进行简单项目训练,然后是综合训练。工作项目要突出实际应用,使项目实训与实际应用对接,从而归纳出五大工作项目,并按照这些工作项目的内容来确定课程标准和课程项目设计的主要内容,以工作项目为导向来组织教学,实现以项目内容作为课程教学内容的改革。

(3)将职业资格考证融入课堂教学

软件开发类人才是目前 IT 行业的紧缺人才。经过调查发现,企业现在采用的软件开发工具主要是 NET 平台、Java 平台和 PHP 平台,其中 NET 占较大的市场份额。企业招聘软件开发类人才时大多都要求应聘者具有真实的项目开发经验,为了适应这一特点,高校在选定课程内容时,除了教授软件开发的基本知识,还要把项目充分融入教学中。为了提高学生的就业竞争力,高校还应对学生实施"双证书"要求,即学生在获取毕业证的同时也要获取职业资格证书。因此,应在课程内容设置中嵌入职业资格证书考试内容。

（4）改革课程考核模式，突出过程评价

课程考核的目标为学生完成工作项目的能力和效果。对学生的实际动手技能及合作能力进行评价，突出过程评价，之后再进行课程考证考核，从而让学生真正掌握实际开发技能。考查结果表明，这种考核改革能极大增强学生的学习兴趣及提升学生的动手技能。

3. 顶岗实习，工学交替

ASP.NET 程序设计课程的工学交替主要通过如下方式实现：一是通过虚拟的项目开发、真实的项目设计，实现课程教学与真实工作项目的交替。在教学过程中，安排60%以上的学时作为能力培养的实践性教学环节，设置循序渐进、有深度、针对职业岗位技术应用能力培养的配套实训项目，然后学生带着这些扎实的专业知识进行真实的项目训练。二是通过后面的课程设计和顶岗实习来实现对知识的升华，使学生所学的知识最大限度接近企业的岗位要求。

四、以就业为导向改进评价方法

高校对大学生计算机能力的评价应告别单纯的笔试或机试，考虑就业对学生计算机能力的要求，在此前提下加大对学生实践能力的考核。同时，还应将考核融入平时教学中，通过对学生阶段性成绩的总结形成学生的最终成绩。这样一来，学生在平时的计算机学习中就会更加用心，对实际操作能力也会更加重视，久而久之，学生的计算机应用能力就会得到很大提高，使实操能力薄弱的状况得到改善，满足用人单位的人才需求。

1. 就业市场发展对高校计算机教学评价体系的要求

（1）教学评价体系必须体现计算机的专业特点

高校教育以培养应用人才为主，因此教学评价体系必须体现应用为主的要求，全方位评价学生的计算机应用能力。随着我国社会经济的快速发展，用人单位对计算机人才的要求越来越高，因此，学生必须熟练使用各种操作系统及办公软件，具备一定的编程能力，并掌握一些专业软件的使用。

（2）学生要具备较强的创新能力

创新是学生能力与素质的综合体现。计算机技术发展较快，技术更新时间越来越短，如果学生不具备创新能力，就无法适应计算机技术发展的要求，无法在工作中不断提高自己的素质和能力。随着我国经济的快速发展，市场竞争也越发激烈，用人单位之间的竞争已经从传统的经济竞争向人才的竞争、技术的竞争转变。如果高校毕业生不具备创新能力，无法掌握最新的计算机技术，也就无法适应企业发展的需要。高校计算机教学评价体系要将学生的创新能力作为主要的评价内容，只有这样才能符合用人单位对人才的需求。

2. 以就业为导向的高校计算机专业教学评价体系的完善

（1）注重学生课程知识的评价

目前，高校所使用的计算机教材涵盖了计算机课程的基础知识，能够为学生提供完善的计算机基础知识体系。高校的计算机教学评价应将计算机基础知识作为重要内容。这一评价要注意以下两点：第一，要明确计算机基础知识的范围。计算机基础知识包括硬件系统、软件系统、操作系统、网络的使用等，内容涵盖了与计算机基本操作有关的全部内容。非计算机专业的学生主要是以学习计算机基础知识为主，因此在评价非计算机专业的学生的学习水平时，应以计算机基础知识为主。第二，建立专业知识评价量表。这种方法实际上就是将计算机基础知识进行量化，确定每一项内容的得分，将基础知识的全部内容纳入量化评价体系中，对学生的计算机基础知识掌握情况进行全面的量化评价，使评价结果更为直观和科学，避免无法全面评价学生计算机基础知识掌握水平的情况出现。

（2）以用人单位的需求来考查学生的应用能力

随着社会的快速发展，用人单位对人才的要求也越来越高。因此，高校的计算机教学要重视对大学生应用能力的培养，教学评价体系也要重点考查学生的应用能力，以满足用人单位的基本要求。考查学生的应用能力需要注意的是，第一，考查学生的基本应用能力。计算机基本应用能力包含多方面的内容，但是从用人单位的需求角度来讲，主要包括上网、常见故障排除、办公软件的使用等，主要看学生能否熟练地使用计算机上网，能否排除计算机故障，能否熟练地使用 Word 等常见办公软件等，这些都是学生走上工作岗位后经常遇到的，也是必不可少的基本应用能力，用人单位在招聘时一般都会要求学生具备这些能力。第二，考查学生发展的应用能力。所谓的发展能力就是计算机基本应用能力以外的能力。随着就业市场的快速发展，一些用人单位对于人才的计算机应用能力往往会有一些比较特殊的要求，这些要求很多时候都是基本应用能力之外的。比如，一些用人单位要求学生具备一定的文字处理能力，包括文字录入、常见文件格式的使用、收发邮件、图片编辑、表格制作等，虽然学生也能进行基本的操作，但是要想熟练操作，还需要在日常学习中勤加练习。高校的教学评价要体现用人单位对学生发展能力的要求，因此要适当地考查学生的发展能力。

（3）将计算机的考核与学生的专业考核联系起来

在高校非计算机专业教育中，计算机是一门基础知识，其教学目标在一定程度上是为发展学生的专业能力服务的，在教学中需要将计算机的学习与学生专业课程的学习有效地联系起来，教学评价也要体现这一点。第一，在评价中体现专业课程的内容。在评价学生的计算机知识和能力的时候，可以将考查形式与学生的专业课程联系起来。比如，对于英语专业，可以通过让学生快速地输入一段英语评价其打字的速度、准确率、格式等，衡量学生的计算机应用能力。实际上就是将计算机作为考核内容，但这一内容融入了专业课程。第二，在专业课程考核中考查学生的计算机应用能力。这种考查方式与上一种方式是相对应的，都是将计算机课程与专业课程结合起来考查，但是两者的侧重点不同，前者侧重考查学生的计算机知识，专业知识居次要地位；后者侧重考查学生的专业能力，顺带考查学生的计算机应用能力。

（4）对学生的计算机学习过程进行全面的评价

计算机教学评价体系，不仅要重视学习结果的评价，还要重视学生学习过程的评价，以使评价更全面。过程性评价主要考查学生学习计算机课程的态度、思想和表现，包括逃课率、迟到率。课堂学习中的学习态度，比如是否经常回答教师的提问，是否能够与教师进行积极的交流，上课是否睡觉等，这些虽然都是小事情，但却能够反映学生的综合素质。在考核当中应该对学生的日常表现作出评价，此外思想政治素养也是重要的评价内容。教师在教学中要积极地与学生进行交流和沟通，了解学生的思想动态，引导学生思想观念健康发展，帮助学生树立正确的人生观、价值观，并在毕业时对其思想状况作出评价。过程性评价要注意评价的差异性，因为不同的学生学习水平不一样。所谓的差异性评价，主要是指对计算机的不同方面进行横向比较和评价，以及对个体两个和多个时刻内的成就进行前后的纵向评价。差异性评价有助于全面了解学生在计算机学习上的成就、学习潜能、学习兴趣、态度和有关的性格特征，对学生的计算机学习总体水平和发展状况进行全面的衡量。同时能够找到学生在计算机学习的过程中哪些方面比较突出，哪些方面比较薄弱，找到学生在计算机学习上的不足和需要改进的地方。而纵向的比较，可以评价学生在不同学习时期的学习成绩，看到学生是进步还是退步，进步和退步的程度如何，从而为教师改进和提高自己的教学模式、教学内容提供准确的依据。

（5）将企业纳入教学评价系统

随着高校教育的快速发展，工学结合已经成为一种重要的人才培养模式。在这种模式之下，用人单位被纳入教学体系中。相应地，教学评价也应将用人单位纳入教学体系，以体现用人单位的需求。在实习阶段，用人单位可以详细考查学生的计算机水平，站在企业用人的角度，对比学生计算机水平与用人单位标准之间的差距，对学生做出比较客观的评价。学校应将用人单位的评价作为教学评价的重要组成部分，评价结果直接影响学生的毕业情况。此外，学校可以与用人单位共同组成评价小组，根据学校的基本要求和用人单位的需求，制定详细的评价标准作为共同评价的依据，由学校与用人单位共同组织实施。评价小组的人员主要包括计算机任课教师和实习部门负责人，以及用人单位的人力资源管理人员。

五、以就业为导向提升教师水平

计算机教师的教学水平对学生的计算机能力会产生直接影响，因而必须全面提升教师的综合素质和专业水平。教师不仅要向学生传递理论知识，更要对学生进行实践指导，并且要能够对学生的实践结果做出合理评价，为学生提供科学的改进建议。

为了达到要求，学校应该经常性地开展计算机专业培训，提升教师的实践水平，同时也让教师了解当前最先进的计算机技术，以便在课堂上进行渗透，保证学生计算机知识常新，从而更加适应用人单位的需求。

第七章 建立基于慕课的混合学习模式

混合学习的有效开展离不开优秀教学资源的支持,近年来,慕课凭借优秀的教学资源和开放的教学平台等特点给高等教育教学领域带来了新的契机。慕课给传统课堂学习模式的改革提供了新的思路。本章主要以此为出发点,尝试构建基于慕课的混合学习模式,目的在于改变传统教学单一的授课形式、学习资源的呈现方式、师生交流的方式等,利用慕课的优秀资源与传统课堂相结合,优势互补,从而构建出一种全新的学习模式,以实现教学和学习方法的转变,最终提高教学效率。教师将慕课模式应用在大学计算机基础课程中,取得了一定的效果,解决了传统课堂中学习模式单一、不利于学生个性化学习等方面的问题。将慕课在线学习与传统课堂相结合,优势互补,增强了学生的学习主动性,激发了学生的学习兴趣,提高了其学习效果,为高校教学改革提供了新的思路。

第一节 基于慕课的混合学习模式设计

基于慕课的混合学习模式被界定为:在信息化环境下,为了完成教学目标和教学任务等,借助优秀的慕课资源,采取同步和非同步的方式,将传统课堂学习和在线学习相融合,有效地应用于教育领域的一种全新的学习模式。

一、基于慕课的混合学习模式的优势

（一）传统课堂学习与慕课在线学习相融合

基于慕课的混合学习，将慕课的优秀资源与传统课堂相融合，从而实现一种全新的学习模式。传统的课堂教学是教师在课前收集大量与教学内容相关的素材，然后在课堂上将这些内容以集中授课的形式向学生呈现出来。传统课堂学习能够充分发挥教师的主导作用，师生面对面交流加强了师生之间思想的碰撞，这些优势是在线学习所欠缺的。但是传统课堂学习中也存在很多不足，教师作为教学中的知识传递者，制约了学生参与学习的主动性。而慕课在线学习，学生可依据各自获取知识的特点和需求来自行安排学习进度，可随时随地对教学视频进行反复观看，弥补了传统课堂的诸多不足。慕课在线学习所带来的随时随地学习、个性化学习是传统教学不具备的。将传统的课堂教学与慕课在线学习相融合，发挥各自的优势，能够有效地促进教与学。

（二）自主学习与合作学习相结合

在进行混合学习设计时，既要关注学生的自主学习，也要关注以小组的形式开展的合作学习，通过学生之间的合作可以实现学生从多个角度探寻解决问题的路径，开阔思路，在已有想法与他人想法不断相互碰撞的过程中，梳理知识体系，以小组的学习目标为主要导向，通过合作交流，相互学习。

慕课不仅是学生学习的平台，还是师生随时随地进行信息交流的平台。教师将慕课中的优秀资源提供给学生，学生可自主安排学习进度，并对教师提供的资源进行有选择的学习，对学习中遇到的问题，可利用慕课交互功能来实现资源共享。慕课为自主学习与合作学习提供了强有力的支持。

（三）单一互动与多方互动相结合

在传统教学中，师生互动比较单一，都是面对面地进行，主要集中在课堂上，生生之间的互动很少。而慕课在线学习为师生、生生之间的互动提供了更大的平台，在线上网络讨论组，学生可以借助慕课平台与其他同学实现在线交流，分享心得或优秀教学资源；在答疑专区可随时与授课教师进行交流，解决学习中遇到的问题。在线下传统课堂中，教师可以组织学生以小组的形式展开讨论，并通过小组竞争提高学生的学习兴趣和学习质量，让学生在持续交流中获取知识。

二、基于慕课的混合学习模式设计原则

（一）主动性原则

建构主义学习理论认为，学习活动要在有利于知识建构的情境中开展，尽可能让学生与周围环境进行信息的交互，主动去构建知识，这样能够激发学生的学习兴趣，促进学生自主学习。在构建基于慕课的混合学习模式时，线上学习拥有自由灵活的学习环境，学生可结合已有知识，自主安排学习进度，构建知识。课堂上开展的混合学习的重点是调动学生学习的主动性。在学习活动中，学生是信息加工的主体，教师应注意促使学生主动学习。

（二）系统性原则

基于慕课的混合学习模式的设计过程就是一个系统化过程，前端设计与开发、学习活动、学习评价等环节是整个模式系统中的要素。前端设计与开发环节由学习环境、学习者分析、学习内容三个要素构成。对基于慕课的混合学习模式进行设计时，要利用系统的方法使模式中各要素协调一

致，充分发挥各要素在系统中的作用。在学习理论、教育传播学理论和教育心理学理论的指导下，调整该模式中各要素之间的关系，确保各要素间相互配合、优势互补，以实现最佳的教学效果。

（三）社会性原则

社会性是教育的基本属性，有效的交流对学生在获取知识的过程中进行意义建构有极大的促进作用。在基于慕课的混合学习模式中，慕课平台不仅有优秀的学习资源，还设有互动专区，供师生、生生进行交流与分享。课上开展合作探究活动，给予学生更多的交流互动的时间和空间，组间学习互助，增进学生感情，有效的交流也有助于突出学生的主体地位。

三、基于慕课的混合学习模式的主体框架设计

以学习理论、教育传播学理论和教育心理学理论为依据，基于慕课平台和传统课堂环境，并依据上述原则，尝试进行基于慕课的混合学习模式的构建。

（一）阶段一：基于慕课的混合学习前期准备

此阶段的教师定位为开展混合学习活动的教师，在课程开始之前，教师对每门课程的基本情况进行详细分析与解读，这个阶段主要包括学习者、学习内容和学习环境三方面，通过对这三方面的分析，考虑在课程中实施此模式是否合适。学习活动实施得是否顺利，前期分析阶段起到至关重要的作用。

1. 学习者分析

在整个教学过程中，课堂活动空间都是属于学生的，所有的活动均围绕着学生这个中心而进行。在这个环节中，教师需要了解学生原有的知识

储备、学习偏好、学习动机、课外学习环境、应用慕课平台的熟练程度、个人对混合学习的态度等。

（1）学习者的初始能力。无论在活动的组织还是教学上，都要适应学习者的初始能力。学习者的初始能力主要包括两方面：一方面，是学习者在开展新知识学习前已具备的知识和技能，由此为学习新内容做铺垫。另一方面，是学习者在学习新内容时所表现出来的态度。在分析学习者的初始能力的基础上，才能确定教学起点，选择教学方法。

（2）学习者的学习风格。学习风格包括学习者习惯采取什么样的学习方式、在学习环境中的反馈如何、表现出什么样的态度等。学习风格由持续一贯的学习方式决定。在基于慕课的混合学习中，学习者的学习风格是在小组活动中表现出来的。教师根据学习者的学习风格来制定教学策略，这样能为学习者提供分类指导，提高学习者的学习能力。

（3）学习者的一般特征。在学习者获取知识的过程中影响其学习的心理、生理的特点都是学习者的一般特征。在学习者的一般特征中，与学习有关的主要有情感、智能等。学习者的一般特征中既有相同点，又有不同点，这就要求教师在集中教学时根据相同点来选择与组织学习内容，同时要把握学生的个体差异，以做到因材施教。学习者的一般特征影响着学习方法、媒体的选择。

2.学习内容分析

在对学习者进行分析的基础上，教师应以学习者的实际需求为学习活动的中心，并依据学生的实际需求去选择学习内容，进而确定哪部分在慕课平台上学习，哪部分在课堂上学习，以促进学生的学习。在基于慕课的混合学习中，学习内容由两部分构成：课本资源和慕课平台上提供的学习资源。接下来，从以下几方面分析学习内容。

（1）分析单元内容，设定单元目标。在开展基于慕课的混合学习活动时，不一定要遵循教材和在线课程的教学安排。教师可以依据学生的实际情况，调整教学内容，根据学生实际学习需求进行活动安排，然后进一步设定单元目标。

（2）将知识点细分，归纳、总结具体的知识类型。跟据布鲁姆教学目标分类法，知识被分为四类。例如，计算机的基本术语这类要素知识都属于事实性知识。概念性知识又分为分类和类别的知识（如文件的类型、句子成分等），原理和通则的知识（如电荷守恒定律、射影定理等），理论、模型和结构的知识（如学校院系结构、DNA 等）。程序性知识是有关具体操作步骤的知识，例如，在 Excel 中运用函数进行计算，就属于程序性知识。元认知知识是对认知的认知，如函数求和在实际生活中的应用。

（3）对慕课平台资源进行充分筛选。慕课平台上资源繁杂，教师应依据学生和课程使用教材等实际情况对资源进行筛选、整理，并针对慕课资源的内容为学生制定慕课平台学习任务单。学生在进行慕课学习前，通过学习任务单了解慕课平台资源的主要内容、学习目标等，在此基础上可依据自身特点和需要对资源进行选择性学习。

3. 学习环境分析

慕课平台为学生提供了一个开放、灵活的学习环境。在慕课学习环境中，慕课在线资源为学生提供了课上所需的基本知识，学生在不受时间、空间限制的环境下开展自主学习。线下课堂上，教师给学生提供必要的学习工具、学习资源等，为学生创设合作学习环境，把传统教学环境转变成合作学习的环境。

（1）学习方式的设计。基于慕课的混合学习模式一方面体现在学生跟随教师进行面对面的学习活动中。在多媒体环境下，教师带领学生对知识点进行系统的梳理，以问题的形式指导学生开展合作学习，充分调动学生的积极性，营造良好的学习氛围，增强学生的集体观念和社会责任感。另一方面体现在学生利用慕课平台积极主动地参与到学习活动中去。具体而言，学生可以在任何时间、任何地点，依据自身的学习特点和要求来安排学习进度，对教学视频随时随地进行反复观看，这是课堂学习的扩展。

（2）在线交互工具的设计。

课程学习平台：中国大学慕课。

中国大学慕课平台致力于将国内高校的优质教育资源共享到该平台上，目前已经汇聚了北京大学、中国人民大学等138所高校提供的优质学习资源。平台提供课堂交流、作业和讨论区等活动专区。

课程QQ群：混合学习模式讨论组。

学生对QQ运用得相对较熟练，因此，采用QQ群来创建班级讨论组。教师通过班级讨论组发布学习任务，收集相关资料。学生可以借助论坛交流问题，分享经验。

（二）阶段二：基于慕课的混合学习活动设计

在混合学习活动开始前，通过问卷调查与测试来了解学生的初始能力。组织学生自由成立活动小组后，小组建立QQ讨论组，以便课后组间交流。在以学生为中心开展的小组合作学习活动中，活动体系是由一个个小组活动构成的，在多媒体环境下，教师利用传播媒介为小组活动提供必要的学习资源。混合学习活动主要包括以下三个环节：

1. 课前

课前，教师在前期分析的基础上向学生提供在线课程视频、教学计划以及课前学习任务单。学生借助学习任务单了解在线课程内容、学习目标和重难点后，自由安排时间开展自主学习，根据任务单进行知识的探索，借助在线课程可将课堂中的知识传授转移至课前完成。在线上课堂中，学生可与教师、同学在平台上的讨论模块中就疑虑展开线上讨论，将未解决的问题反馈给教师。

2. 课中

（1）教师点评。课中环节在线上课堂中开展，因为慕课课程结构具有"碎片化"的特点，所以在课中，教师需要带领学生对课前观看慕课课程视频中的知识点进行系统的梳理。教师并不是将核心知识点传递给学生，而是以问题的形式，由浅入深，层层深入地帮助学生与课前所学知识建立起联系。对学生课前学习中遇到的问题以启发诱导的形式进行多维度探讨，在这个过程中，教师要注重语言的艺术，从而实现与学生思想的碰撞。对于教学难点，教师的点拨非常重要，能够促进学生的触类旁通，这也是学生提高学习成效的重要环节。

（2）分配任务，合作探究。在对所学知识进行归纳整理的基础上，教师给学习小组分配学习任务，组长组织小组成员沟通、交流、讨论，并确立小组分工。学生以小组任务为导向开展学习活动。通过小组间的合作与交流，小组成员在取得彼此信任的基础上把认识引向一个又一个新高点。合作探究活动，注重学生互助性的学习过程，使学生主动参与，积极沟通，有助于培养学生的创新能力和团队意识。

（3）作品展示，问题反馈。在这个环节中，整个活动采用翻转课堂的形式，学生作为教学活动的主体，通过探究活动主动发现问题，寻求解决办法。小组作品展示完毕后，组内成员对作品的优势与不足加以补充，其他小组成员再对作品提出建议或意见，对讨论中存在的问题和疑虑，教师作详细的解答。通过对合作探究活动的观察，教师从学生个体、学生小组以及学生整体等多方面对学生进行激励和公平性评价。

3. 课后

课后环节的主要任务是对问题进行深化，这一环节是在线上进行的，即利用慕课平台和班级的 QQ 群进行课后练习。教师布置的课后作业可来源于慕课平台中的测试板块——学生完成测试后，慕课平台提供实时的反馈，可视化的数据能够帮助学生了解自己对知识的掌握情况；还可来源于教师发布在 QQ 群中的根据学生课上对知识的掌握情况设计的课后练习。课后作业该如何选取，要依据教学实际情况而定。

（三）阶段三：学习评价设计

基于慕课的混合学习模式特别关注对整个学习活动过程的分析，进而做出评价。在对学习过程进行分析与评价后，应及时对模式进行调整。学习评价设计是在前两个阶段的基础上，对学习效果进行评价。基于慕课的混合学习的评价资料和数据不仅来自传统课堂中学生的表现，还来自在线平台中学生的表现。

1. 传统课堂

传统课堂中包括课堂表现与作品成果展示。

课堂表现：学生的上课状态、发言质量和在讨论组中的表现，如是否积极参与小组活动、对小组做出的贡献等。

作品成果汇报：将小组作品作为学习活动的总结性评价。通过学生的成果汇报展示，教师对学习过程中的各种要素进行评价，小组作品的成绩由作品自身的成绩和组内互评成绩两部分组成。

2. 在线平台

在线平台中包括慕课平台测试与作业和慕课平台参与度。

慕课平台测试与作业：课后作业是衡量学生是否掌握已学知识的重要方式，教师筛选慕课平台上测试与作业中的全部或部分内容作为课后习题，学生在下节课前将完成的作业除了发送到教师邮箱，还要导成图片或视频格式上传到QQ群供大家学习和交流。慕课平台测试与作业的目的和意义在于检查学生对技能的应用和知识的拓展延伸。

慕课平台参与度：教师可通过查看在线平台讨论组，记录学生发表话题的数量和质量，以此作为慕课平台参与度的评价。

教师利用以上评价，根据实际教学活动中遇到的问题，分析问题的原因，通过修改和更正学习模式、补充学习资源、调整学习活动等来促进教学目标更好的完成。

四、慕课《大学计算机基础》混合学习模式应用

下面以《大学计算机基础》为例，说明基于慕课的混合学习模式的应用效果。

（一）《大学计算机基础》课程特点

《大学计算机基础》是一门注重实践的课程，该课程强调对知识的实际运用，旨在培养学生的计算机应用能力、素质等，是大学教学中不可缺少的组成部分。该课程要求学生：①了解计算机的发展史和掌握计算机课程的基础概念，并且形成一个计算机知识体系，在此基础上进行对计算机

课程的相关学习。②掌握计算机系统的基础知识、计算机网络和因特网、数据库系统基础及应用类软件的使用，通过实际操作发现问题，解决问题，从而获取更多的知识。

（二）《大学计算机基础》课程传统教学现状

有教师对《大学计算机基础》课程进行跟踪访谈后了解到，《大学计算机基础课程》内容丰富，涵盖面广，实践性强，是一门理论与实践相结合的课程，但总课时数偏少，学生要掌握基础性知识和实操技能，仅靠课上完成是有一定困难的。传统课堂基本采用教师讲授知识、教师验证性实验、学生按实训教程中的实例完成学习任务的学习模式。通过对课程的跟踪和访谈，发现传统的《大学计算机基础》课程学习模式主要存在以下问题。

1. 教学互动少

计算机基础理论课主要是以教师的课堂讲授为主，教师处于绝对权威的地位，学生很少对教师发表的观点提出疑问，师生、生生之间互动少，不能提高学生的参与度，很难激发学生的学习热情。学生习惯作为知识的被动接受者，自主学习意识不强。长此以往，学生有疑问时也不会去找教师寻求答案，学习的参与度不高，课后讨论时师生缺乏互动。

2. 学生的计算机基础存在巨大差异

新入学的大学生都具备一定的信息技术应用能力，但在总体水平上表现出很大的差异：一部分学生能够熟练操作办公软件、常用工具及制作网页等，另一部分学生具有的计算机水平仅局限在网络的应用上，而不是计算机的使用功能上，对计算机的基础掌握程度不理想。《大学计算机基础》内容多、课时紧，教师负担重，因而忽略了基础很好与基础差的学生，不能做到因材施教，使学生失去了对计算机课程的学习兴趣。如果继续采取单纯的同一起点的教学思路，而不结合学生自身特点，将难以实现因材施教。

3. 学习资源缺乏

丰富的学习资源有利于学生对知识的构建，使学生涉猎更宽泛的知识领域，丰富学生的知识储备，为学生探索知识提供更多路径。通过对《大学计算机基础》课程进行跟踪访谈了解到，传统教学中，学生的学习资源主要来自教师课堂展示的教学课件。而《大学计算机基础》知识点多，技术应用更加强大，需求多样性增加，这就要求学生需要通过大量的紧跟时代步伐的优秀作品来实现知识拓展。

（三）准备阶段

1. 学生分析

主要从以下三方面对学生进行分析：

（1）学生的初始能力。包括两方面。一方面，在课程开始前，教师参考高中信息技术课程内容，以测试的形式了解学生已经具备的知识和技能，并以此为新知识的学习做铺垫。从调查结果看，学生对 Word 掌握较好，而对 Excel 接触较少。另一方面，根据学生掌握新知识的程度进行学习资源的设计，以满足不同学生的需要，为学生筛选适合的参考资源，以此设定课程的教学起点。

（2）学生的学习风格。大学一年级的学生形成了被动接受知识的授课形式。而《大学计算机基础》与学生以往的课程形式不同，注重灵活运用，所以学生对课程充满期待，有着浓厚的学习兴趣。大学一年级新生乐于与他人交流，促进感情，希望在学习中能够以小组为单位来完成任务。这里所说的学习风格更加强调在小组中学生所表现出来的学习风格，为后续课程的设计提供依据。

（3）学生的一般特征。大学生思维活跃，具有很强的创新意识，并且绝大多数学生能够认识到通过学习这门课程可以用计算思维解决问题。但传统的授课方式是以教师讲授为主，学生缺乏团队意识和协作精神，所以必须由教师来开展一些团队协作活动，通过小组协作进行交流，使学生都能主动地参与到课程活动中。

2. 学习内容分析

在这样的学习活动中，学习内容不仅是教材，还有慕课平台线上的资源。主要目标是通过掌握计算机的基本理论知识和常用软件的应用，培养学生的计算能力、创新能力，为后续课程打下坚实的基础。

3. 学习环境分析

《大学计算机基础》的学习环境主要分为网络学习环境和多媒体教室学习环境两方面。

（1）网络学习环境。网络学习环境是指班级QQ群交流平台和慕课学习平台。班级QQ群为学生和教师建立了一个不受时间和空间限制的平台，教师在课前利用班级QQ群发布课前学习任务单，学生借助学习任务单进行慕课平台的在线学习，最后将收获和疑虑分享到班级QQ群中。这种利用慕课学习平台实现课前在线学习的开放式的学习环境，可以使学生利用课余时间开展慕课平台的在线学习活动，对存在的不解和疑虑可以在平台中的讨论区模块与授课教师进行沟通，寻求解决方法。

（2）多媒体教室学习环境。在课堂教学中，多媒体教室已成为必不可少的教学工具。教师在课前收集大量与教学内容相关的素材，如文字、视频等，然后将所学习的内容利用多媒体教室呈现出来，充分发挥现代化教学设备对课堂教学的作用。例如，在课堂教学中，教师可利用多媒体教学广播软件对学生的练习情况进行检查，对于常见的问题，可让学生以角色扮演的形式将自己的作品展示给其他同学看，最后实现组间和组内的在线评价，激发学生参与活动的积极性。

（四）学习活动的设计与实施

1. 学习活动设计

在进行课堂学习组织实施之前，设计具体的学习活动。

2. 实施过程

在教学过程中，亲自参与到活动中，包括前期分析阶段中的各环节，如发布学习资源、参与学生在 QQ 群中的讨论、帮助引导学生等。下面以计算机基础课程中"Excel 公式与函数"为例，说明基于慕课的混合学习的实施过程。

（1）课前学习。学生借助优秀的慕课课程和相应的学习任务单，完成课前的学习任务，并将学习中遇到的问题在慕课平台的讨论组模块中与线上授课教师交流。对未解决的问题，学生可通过班级 QQ 群将问题反馈给课堂授课教师。教师对学生在课前在线学习中遇到的问题进行收集整理，归类分析。

（2）课中学习。课中学习环节包括以下四个方面：

①温习重点。温习本节课的学习重点：公式的表达方式与常见的四种运算符。学生结合课前学习资源与教材思考本节课的学习重点，演示在 Excel 中用公式对表格进行求和计算。学生分组讨论典型运算符计算的例子，并派代表对公式的含义及结果进行汇报，教师再针对未解决的问题加以补充。

②问题答疑。教师对课前学习中学生遇到的问题进行分类汇总后发现，对于"相对引用与绝对引用的区别""IF函数的使用方法"这两个知识点学生普遍存在疑问。这时，教师可利用相关案例带领学生寻根溯源，举一反三。

③合作探究。教师带领学生开展探究任务，让学生明确任务主题，接着以小组为单位展开协作探究活动。教师参与到学生的小组活动中，借助课堂观察表，记录组间及组内成员的表现。

④作品展示，总结评价。教师组织学生对作品——成绩单进行组间及组内评价，并对学生在合作学习中遇到的问题进行总结，对学生的表现进行评价。小组派代表展示小组作品，并分享制作过程中遇到的问题与体会，最后对组间和组内进行小组评价。

（3）课后学习。教师布置课后学习任务，对课后作业中未解决的问题与学生交流沟通、答疑解惑，并对本次课程进行综合评价。学生完成在线课程中测试与作业模块部分，并将线上未能解决的问题反馈给课堂教师。

（五）学习评价

基于慕课的混合学习模式注重对学习过程的分析与评价。在对学习过程进行分析和评价的基础上不断修改、完善，及时调整教学计划和教学方法，这是一个循环不止的过程。学习评价设计是在前两个阶段的基础上，对学习效果进行评价，基于慕课的混合学习的评价项目由课堂表现、课堂小组作品、学生个人作品、慕课平台参与度、课后测试与作业几部分组成。

（六）总结

基于慕课的混合学习模式具有以下优势：传统课堂教学与慕课在线学习优势互补、自主学习与协作学习相结合、单一互动与多方位互动相结合。

将混合学习模式应用到教学活动中，使慕课在线学习与线下课堂学习各自发挥优势，能够有效激发学生的积极性与参与度，对促进高校教学改革具有一定的指导意义。

第二节　基于慕课的翻转课堂教学模式的构建

随着信息技术的快速发展，高校教学改革也在紧锣密鼓地进行着，在人才培养方面更注重学生素质的全面发展。因此，构建一种新型教学模式来提升学生的表达能力、自主学习能力、协作能力和实践动手能力显得至关重要。从信息技术推动下产生的慕课和翻转课堂入手，寻找出一种助力高校课堂教学改革的教学模式，实现从"以教师为主体"向"以学生为主体"、"以教为中心"向"以学为中心"的转变。新的教学模式以慕课平台为基础将传统课堂进行翻转。翻转课堂是一种新型的教学方式，2008 年由美国科罗拉多州林地高中的两位化学教师乔纳森·伯格曼和亚伦·萨姆斯提出，他们为一些耽误课程的学生录制了在线视频课程，从而创造了这样的教学方式。下面将主要分析基于慕课的翻转课堂教学模式的构建。

一、翻转课堂

（一）翻转课堂的概念界定

"翻转课堂"亦被人们称作"颠倒课堂"或"反转课堂"，它最初是从英语"Flipped Class Model"或"Inverted Classroom"翻译过来的。国内外研究者对翻转课堂的概念有着不同的诠释。

美国最早运用翻转课堂教学模式的化学教师亚伦·萨姆斯认为，翻转课堂就是把传统课堂上知识讲授的过程移到课外，充分利用课上时间来满足不同个体的需求。

布莱恩·冈萨雷斯（英特尔全球教学总监）认为翻转课堂是施教者给予被教者更多的自主权，把传授知识的过程放到教室外进行，让大家自主选择喜欢的方式学习新知识，把知识内化的过程放到教室内进行，以便加深学生和学生、学生和教师之间的交流和互动。

清华大学信息化技术中心的钟晓流等认为，翻转课堂就是以信息化环境为基础，教师为学生提供教学视频等多种形式的学习资料，而学生要在课堂教学开始之前对这些学习资料进行自主学习，及至课堂上则是教师与学生进行问题答疑、互动交流和实践操作的一种新型教学模式。

综合以上观点，翻转课堂是以信息技术为支撑，课前学生利用多种教学资源，如PPT、音频、视频、文档等进行自主学习，完成基础知识的传递，课上则是进行知识的内化，展开问题答疑、合作探究和实践操作的一种新型教与学的模式。

（二）翻转课堂的本质内涵

1. 颠倒了传统的教学流程，为课堂教学营造了自主轻松的氛围

传统教学的流程多是教师在课堂上进行讲授，学生课后完成作业进行知识的内化。翻转课堂则是把传统的教学流程进行颠倒，学生需要在课前进行自主学习，课上时间则用来进行师生互动、小组协作以及实践操作。这样的教学流程使课堂氛围变得更加轻松自由，学生也会更加积极投入，有利于教学效果的提升。

2. 教师和学生角色发生转变，凸显以学生为主体的教育理念

在传统课堂教学中，教师站在讲台上传授知识，学生在下面听，教师

在学生眼中是"权威"和"神圣"的。这种上课形式抑制了学生主观能动性的发挥，也削弱了学生的学习积极性。翻转课堂的教学模式则是，学生课前通过观看视频、PPT等教学资源对知识进行学习，课上再与教师以平等的身份共同探讨解决问题，展现出一种个性化的学习方式。

3. 方便的网络平台和丰富的教学资源实现了资源共享和互动交流

在翻转课堂教学模式下，教师课前把PPT、视频、测试题等各种学习资源共享到学习平台上，学生可以随时随地进行泛在学习并实时反馈遇到的问题。教师则可以根据学生反馈的问题精心设计教学活动，也可以在网络平台上进行互动交流，从而大大增进了师生的互动交流。

（三）翻转课堂的优势

1. 翻转课堂使学生真正做到个性化的学习

在翻转课堂教学模式下，学生课前通过教师提供的教学资源进行自主学习，自由安排学习进度，也可以通过通信软件或慕课平台求助教师和伙伴，真正实现了个性化学习。

2. 翻转课堂体现了学习中的互动，改进了课堂教学氛围

翻转课堂最大的优点就是增进了课堂上师生、生生之间的互动交流，教师作为助学者有更多的时间对学生进行个性化的指导，而学生通过课前的自主学习，课堂上就可以积极参与讨论。接着，教师可以观察小组协作中学生的表现，引导他们相互学习，共同探索知识，碰撞出更多知识的火花，共享学习的快乐。

3. 翻转课堂可以弥补学生由于客观原因无法正常上课的不足

目前，高校十分重视学生素质能力的全面发展，所以会举办许多校园活动，如校园歌手大赛、元旦晚会、社团活动等。这就使一部分学生必须

请假进行排练,不可避免地会耽误课程。然而,翻转课堂能解决这样的问题,只要教师把视频资源、文档、PPT 等学习资源上传到学习平台,学生便可以自己提前学习或事后补课,这样学生就不必担心活动与课程冲突了。

二、基于慕课的翻转课堂教学模式的可行性与优劣势

(一)基于慕课的翻转课堂的可行性

目前,一些慕课平台已经具备了和高校相似的体系结构,但仍无法完全代替传统高校。在慕课平台学习时,学生需要自己设定学习目的和参与度,但很多学生并不具备高度自控的学习经验和能力,当中途遇到学习困难或兴趣减退时就会削弱学习意愿,导致退出学习,所以慕课平台上的学习完成率较低。慕课还存在平台教学管理制度不完善、学生之间的协作交流不足、信息量过载的情况,给学生带来了选择困惑。翻转课堂和慕课的结合恰恰能有效地弥补慕课存在的不足。

翻转课堂是把传统的教学模式进行颠倒,将以往课堂上教师给学生讲授知识的过程挪到了课外进行,如此学生在课外进行自主学习的时候,往往会面临学习资料的查找、选择以及自主探究等问题。这时,慕课平台为翻转课堂教学模式下学习的学生提供了便利的条件,其中所包含的大量开放性学习资源,使学生可以根据自身的因素选择适合自己的学习资料。

(二)基于慕课的翻转课堂的优劣势

1. 传统教学模式的不足

教育作为国力竞争的软实力,必须符合时代的要求,能够培养出适应时代发展且具有创新精神和创造力的人才,使其掌握适应社会需求的终身学习、合作学习、自主学习等能力。而传统的教学模式把知识本身作为教

学目标，教师作为主导，把教学过程理解为知识的积累过程，阻碍了学生自主学习能力和创新能力的培养。传统教学模式中，教师掌握着主导权，极易出现"灌输式"教学和"填鸭式"教学，无法完全考虑到每位学生的想法，不能及时与学生沟通、探讨学习过程中遇到的疑惑和困难。在这样的教学过程中，学生只是被动地听教师讲授，被动地记住知识点，缺少互动交流环节，影响学生的主动性、潜能的发挥以及个性学习、自主学习能力的培养。

2. 基于慕课的翻转课堂教学模式的优势

信息技术在教育领域中的普及和迅速发展，为翻转课堂这种新型的教学模式的产生提供了条件。它为教师和学生创设了更加自由的教学环境，提供了更加多样的教学资源，丰富了师生交互方式，同时深刻影响了教学内容、方法，甚至产生了教学观念的变化。

基于慕课的翻转课堂教学模式，既让优质的教学资源得到了最大化的传播，又规避了慕课平台和传统教学模式的一些不足。基于慕课的翻转课堂为学生营造了一种自由轻松的学习氛围，同时增进了教师和学生之间以及学生和学生之间的互动，实现了个性化的学习方式；教师不再只是讲台上知识的"传话筒"，而是学生学习过程中的辅助者、促进者。基于慕课的翻转课堂支持平台上的教学视频、幻灯片等教学资源，可以把教师教学的内容完整地保存下来，为学生复习提供方便，还可以弥补学生由于生病等客观原因无法正常上课的不足。

要真正实现基于慕课的翻转课堂教学，学生课前的自主学习至关重要。然而，课前的自主学习并不只是简单地提前看看课本知识或做一些习题，而是要使学生课前真正深入地学习知识。

三、慕课平台分析指标构建及平台选择

平台的选择对翻转课堂的实施起着至关重要的作用。课程资源的呈现，师生、生生间的交流互动和学习，教学评价，课程管理等教学活动都需要平台的支撑。

当前，国内外已经构建了多个大型慕课平台。以下将对以 Udacity、Coursera 和 edX 为代表的国外慕课平台，和以中国大学慕课、清华教育在线、学堂在线代表的国内慕课平台进行对比分析，从而遴选出最适合研究应用的慕课平台。

（一）国外慕课平台

Udacity 是国外成立最早的慕课平台，它由斯坦福大学创办，属于营利性的组织。Udacity 上提供的课程是有特定领域的，其中包含基于技术、工程、科学和数学领域的问题解决型课程，学习时间不受限制，上课方式较为灵活，目前平台上已经开设了数学、计算机科学、物理等方面的几十门课程。

Coursera 也是由斯坦福大学建立的一个营利性运营机构，与 100 多所世界知名院校和科研机构合作创办，提供公开免费的在线课程。截至目前，Coursera 上已经涵盖了计算机、商务、社会科学、医学、教育学、数学和工程类学科的 540 门课程。

edX 是由哈佛大学和麻省理工学院联合创办的非营利性的慕课平台，目标是与世界著名高校合作，建设全球范围内知名度高、课程质量好的在线课程。目前，edX 平台主要提供电子学、文化、化学和计算机科学和公共健康等方面的课程。

（二）国内慕课平台

中国大学慕课是由网易与高教社携手推出的在线教育平台，联合了国内76所高校，如北京大学、北京理工大学、东北大学、大连理工大学等，面向大众提供中国知名高校的慕课课程。该平台的宗旨是每一个愿意提升自己的人都可以免费获得更优质的高等教育资源。目前，该平台上开设了972门课程，课程种类涵盖基础科学、工程技术、文学艺术等。每门课程定期开课，整个学习过程包括多个环节，如观看视频、参与讨论、提交作业、穿插课程的提问和终极考试等。

清华教育在线是由清华大学教育技术研究所研发，集教学、管理、展示与评价于一身的慕课平台。目前，全国已经有近400所院校在应用该平台，平均每天的访问量达到100万余次，其核心模块包括课程资源共享模块、精品课程建设与评审模块、资源中心管理模块、通用网络教学模块、教学评价模块等。

学堂在线是清华大学加盟edX后，基于edX开源代码研发的慕课平台，其在关键词检索、可视化公式编辑、用户行为分析等方面进行了改进。学堂在线是教育部在线教育研究中心的研究交流和成果应用平台，致力于通过国内外一流名校开设的免费网络学习课程，为公众提供系统的高等教育，让每一个中国人都有机会享受优质教育资源。通过和教育部在线教育研究中心以及国内外知名大学的紧密合作，学堂在线将不断增加课程的种类和丰富程度。目前，课程种类已经涵盖了计算机、数学、物理、哲学等多个领域。

（三）慕课平台分析指标的构建

国际著名网络教学平台评估网站Edutools从用户角度提出了网络教学

平台功能的分析指标，进而构建了慕课平台的分析指标，包括学习管理工具构建、系统支持工具构建和系统关键技术选择三项。

1. 学习管理工具构建

慕课平台分析指标的学习管理工具由交流工具、效能工具和学生参与工具组成。其中，交流工具包含七个三级指标，分别是讨论区、文件交互、日志笔记、实时聊天、电子白板、视频服务和课程邮件；效能工具包含五个三级指标，分别是日历任务、导航和帮助、同步异步、课内检索和书签；学生参与工具包括四个三级指标，分别是自评互评、分组、学生社区和学生档案。

2. 系统支持工具构建

慕课平台分析指标的系统支持工具由课程设计工具、课程管理工具和课程发布工具组成。其中，课程设计工具中包含六个三级指标，分别是教学标准兼容、教学设计工具、课程模板、课组管理、定制外观和内容共享复用；课程管理工具包含四个三级指标，分别是课程权限设置、注册系统、身份验证和托管服务；课程发布工具包含五个三级指标，分别是在线打分工具、教师帮助、自动测试评分、课程管理和学生跟踪。

3. 系统关键技术选择

慕课平台分析指标的系统关键技术由硬件和软件、安全和性能、兼容和整合、定价和许可组成。其中硬件和软件包含五个三级指标，分别是服务器、数据库要求、浏览器要求、服务软件和移动服务支持；安全和性能包含三个二级指标，分别是用户登录安全、访问速度、错误预防与报告；兼容和整合包含四个三级指标，分别是国际化和本土化、应用编程接口（API）、第三方软件整合和数字校园兼容；定价和许可包含五个三级指标，分别是公司、版本、成本、开源代码和附加产品。

4.慕课平台的甄选

根据慕课平台的测评标准，从学习管理工具、系统支持工具、系统关键技术三方面对国内外六大慕课平台 Udacity、Coursera、edX、中国大学慕课、清华教育在线和学堂在线进行比较分析。

（1）学习管理工具分析

中国大学慕课平台的讨论区设置最便于使用，讨论区里分别设有教师答疑区、课堂交流区和综合讨论区，而其他平台只设置了知识点讨论区和课程讨论区；在文件交换上，国外的慕课平台不支持对外的课程交互，而国内的慕课平台则支持文件的交换；在实时交互上，国外的慕课平台无实时交互的功能，而国内中国大学慕课和学堂在线支持实时交互，清华教育在线则需要借助第三方聊天室。

从学生参与工具的比较来看，国内慕课平台比国外慕课平台功能较强些，支持自评和同伴互评，支持作业和研究型学习分组，国外慕课平台则不支持；在学生档案模块，国内的中国大学慕课是基于学生学习情况的档案，记录完善，便于进行大数据的分析。

从效能功能的比较来看，国内慕课平台设有日历任务模块，国外慕课平台没有；课内检索功能上，国内慕课平台按照分类、标题、关键词搜索课程内的内容，国外的慕课平台只有 Udacity 和 Coursera 支持关键字检索，edX 则无检索功能。

（2）系统支持工具分析

国外的慕课平台支持用户自己注册，国内的中国大学慕课和学堂在线支持用户自己注册和第三方注册（如微信、QQ 或微博），清华教育在线则是系统控制添加用户注册；在课程权限设置模块，国外慕课平台由平台管理员为学生和教师设置不同权限，国内慕课平台则是为学生和教师设置多种不同权限身份，参与不同学习活动；在身份认证功能上这六大慕课平台均采用注册认证登录的方式；在托管服务功能上这六大慕课平台，国外慕课平台需要自己维护平台服务，国内的中国大学慕课和学堂在线采用主机服务的方式，清华教育在线则采用主机服务加公司托管的方式。

从课程设计工具比较来看，国内慕课平台提供课程模板支持，应用性能强，国外慕课平台则需要设计开发和定制课程模板；国外慕课平台不提供定制外观功能，国内的中国大学慕课定制外观的功能强大，清华教育在线提供多选择的外观定制，学堂在线提供课程界面设置；在教学标准兼容功能上，国外的慕课平台支持 IMS、SCORM，国内的慕课平台支持 CELTSC；在教学设计工具方面，国外慕课平台给教师提供得较少，国内慕课平台则提供得较多，操作简易；在共享/复用功能方面，国外慕课平台不支持此功能，国内的中国大学慕课较好地支持此功能，清华教育在线和学堂在线都不及中国大学慕课支持全面；在课组管理方面，国外慕课平台不提供该功能，国内慕课平台课内支持分组管理。

（3）系统关键技术分析

六个平台都采用了三级架构的开发模式，国内外的慕课平台都需要强大的技术团队进行维护。

从硬件和软件的比较来看，国外慕课平台需要 IE、Chrome、Firefox、Safari 等浏览器的支持，以保证平台界面观看的流畅性和清晰度，国内的慕课平台则支持大多数主流浏览器，对浏览器的适用范围不限。在移动服务功能方面，国内的慕课平台设有移动 APP 和 HTML5，而国外的慕课平台仅支持 HTML5。从数据库要求、服务器和服务软件三方面的比较来看，国外的慕课平台均采用自己专门配置的方式，国内的慕课平台相对较灵活些。

从安全和性能方面的比较来看，国外的慕课平台在用户安全登录和访问速度方面不及国内的慕课平台，但是这六大慕课平台均支持错误预防与报告。

从兼容和整合方面比较来看，在国际化和本土化的发展模式方面，国外慕课平台均采用国际化的发展模式，国内的中国大学慕课采用本土化的发展模式，清华教育在线和学堂在线采用的则是国际化和本土化的双模式展开平台设计。在数据校园兼容方面，国外的慕课平台未考虑这方面的应用，而国内的中国大学慕课和清华教育在线在这方面做得较好，学堂在线也有考虑，但是效果一般。在第三方软件整合方面，国外的慕课平台只提供第三方软件链接，国内的中国大学慕课和学堂在线支持得较好，清华教育在线支持一般。在 API 模块，六个平台相差不大。

从定价和许可方面的比较来看，Udacity、Coursera、中国大学慕课和清华教育在线不开放源代码，edX 和学堂在线只面向联盟组织内的高校开放部分代码。清华教育在线采用整体平台收费的方式，定价相对合理，其他平台中国外的慕课平台采取不对外收费的方式，国内的中国大学慕课和学堂在线采用全部免费的方式。另外，六个平台都不另加任何附加产品。

（4）学生的视角

慕课平台测评标准的"学习管理工具"分析指标从交流工具、效能工具和学生参与工具三方面评价了国内外的六大慕课平台为学生提供的功能。

总体来看，国内的慕课平台无论是教学和学习工具的数量，还是工具本身提供的功能，都更适合国内高校的学生使用，其原因在于国内的慕课平台某种程度上是基于精品课程共享研发的，所以研发的时间和成熟度较高。在交流工具方面，中国大学慕课在讨论功能的设置方面性能最为突出，分别设有教师答疑区、课堂交流区和综合讨论区，并且国内的慕课平台都支持实时互动和文件交互。在效能工具方面，国内的慕课平台支持按照分类、标题、关键词搜索课程内的内容，国外的检索帮助功能就显得较为单一。在学生参与工具方面，中国大学慕课设置了基于学生学习情况的档案，这相较其他慕课平台功能较为完善。中国大学慕课把学生在该平台上的一切学习情况记录下来，以便于日后对其进行学习提醒，有利于对慕课平台上的学习情况进行大数据宏观学习分析。

（5）教学者的视角

慕课平台测评标准的"系统支持工具"分析指标从课程设计工具和课程发布工具、课程管理工具三方面反映了国内外六大慕课平台针对教学者提供的功能。

总体上来讲，国内外的慕课平台均采取减少教师不必要的工作量理念，将基础知识的传授设计成在线课程和课件，并且免去了教师进行基础知识的重复性讲授，希望优质的教育资源得到最大化的传播。在以上设计思想的指导下，国内慕课平台在教师课程设计、管理、发布的功能方面都更加适合作为国内高校翻转课堂的支持平台。在课程设计工具方面，国内的慕课平台提供课程模板，应用性能强；为教师提供完善的教学设计工具，操作简便；支持课内分组管理。在课程管理方面，国内的慕课平台为学生和教师设置多种不同权限身份，参与不同权限的学习活动，并且在平台的注册功能上，国内的中国大学慕课和学堂在线采用用户自己注册的方式，支持第三方合作，学生可以通过QQ或者微信账号注册。在课程发布工具方面，中国大学慕课的各功能模块设计较为优异，支持讨论答疑、常见问题和邮件答疑。

(6) 管理者的视角

慕课平台测评标准的"系统支持工具"和"系统关键技术"两方面的一些指标反映了国内外六大慕课平台为教学管理者提供的功能。在系统支持工具方面，六大慕课平台均仅支持自己使用，教学管理者就是团队人员，他们承担了课程设计、课程管理和课程开发的多种职能。在系统关键技术方面，国外的慕课平台没有考虑和第三方软件合作的功能，国内的中国大学慕课和学堂在线支持与通信软件QQ和微信的兼容，并且中国大学慕课高度考虑了本土化的发展模式。

最后，综合以上学习管理工具、系统支持工具、系统关键技术三方面的比较研究和学生、教学者、管理者三方视角的对比讨论，由于中国大学慕课在各个模块都具有一定的优势，所以建议采用中国大学慕课作为高等院校翻转课堂的支持平台。

四、基于慕课的翻转课堂教学模式构建

（一）基于慕课的翻转课堂教学模式的构建理念

借鉴美国罗伯特·塔尔伯特（Robert Talbert）教授的翻转课堂教学模式经验和张金磊设计的翻转课堂教学模式优势，构建了基于慕课的翻转课堂教学模式理念。罗伯特·塔尔伯特教授在《线性代数》课程的教学过程中，总结了线性代数课程实施翻转课堂的教学结构模型。罗伯特·塔尔伯

特教授的翻转课堂教学模式包括两部分，分别是课前和课中，课前主要用于学生自主观看教学视频，完成对基础知识的学习，然后进行有针对性的作业练习；课中主要用于学生对学习成果的检测，然后再与教师或者同伴进行小组协作探讨，最后做出总结和反馈。

国内学者张金磊在罗伯特·塔尔伯特构建的翻转课堂教学模型基础上，设计了相对完善的翻转课堂教学模型。该教学模型也分为课前和课中两个环节。在课前学生观看教学视频，从而完成一些新知识的学习，并检测自己的学习成果。观看教学视频和完成练习的同时，学生如果遇到难题，可以通过交流平台向教师寻求帮助，还可以通过交流平台向教师反映自己的学习状况。在课中活动开始前，教师根据学生反馈的问题来确定课堂中需要解决的问题。在课中创建学习环境，让学生通过独立思考和分组协作完成知识的内化，最后进行成果展示和交流评价。该模式强调信息技术和活动学习是影响翻转课堂顺利实施的重要因素。

罗伯特·塔尔伯特教授和张金磊设计出的两种翻转课堂教学模式各有优势，罗伯特·塔尔伯特教授在课前环节设置了针对性的作业练习，张金磊在课前环节利用了交流平台并在课中环节设置了六种教学活动。但是，罗伯特·塔尔伯特教授和张金磊在构建翻转课堂教学模式时都只考虑了课前和课中两个环节，缺乏前期的分析和课后环节的设计。而基于慕课的翻转课堂教学模式包括前期分析、课前、课中和课后四个环节。前期分析环节中设置了学生分析、教学目标设计、教学内容设计和教学环境设计，通过这四方面的设计与分析开发出学习资料（慕课视频、文档材料、PPT等），为学生更好地进行课前学习打下基础；课前环节设置了基于慕课平台的视频观看和课前练习，学生可以通过慕课平台进行教学视频的观看和课前练习，以及遇到问题时与同伴、教师进行交流，此环节充分满足了学生的个性化需求，也使优质教学资源得到了最大化的传播，提升了学生的自主学习能力；课中环节设置了创设情境和确定问题、分析问题和自主探究、小组协作和师生共探、解决问题和成果交流及师生小结和反馈评价等教学活动，学生可以更好地完成知识的内化，充分锻炼协作学习、表达和实践动手等能力；课后环节设置了知识巩固、评价反思和拓展提高等教学活动，在该环节中学生可以对知识进行更好的巩固。

（二）基于慕课的翻转课堂教学模式的教学目标设计

教学模式都是为了完成一定的教学目标而构建的。在教学模式的构建过程中，教学目标处于核心位置，并对构成教学模式的其他因素起到制约性作用，它决定着教学模式中师生参与的教学活动的组合关系及推行的程序，也是教学评价的尺度和标准，基于慕课的翻转课堂教学模式以学生全面发展为总体教学目标，其课前、课中和课后环节也有各自的教学目标。

1. 课前教学目标

基于慕课的翻转课堂教学模式的课前教学目标是让学生在慕课平台上完成课堂要讲授知识点的预习和思考，通过该环节培养学生的自主学习能力。

2. 课中教学目标

基于慕课的翻转课堂教学模式的课中教学目标是让学生更好地完成知识内化，通过课中环节设置的创设情境和确定问题、分析问题和自主探究、小组协作和师生共探、解决问题和成果交流，以及师生小结和反馈评价等教学活动来培养学生的协作学习能力、表达能力和实践动手能力。

3. 课后教学目标

基于慕课的翻转课堂教学模式的课后教学目标是将课前和课中环节的知识点进行全面的巩固，课后环节设置了知识巩固、评价反思和拓展提高等教学活动，学生可以通过慕课平台讨论区、QQ 或者微信等方式与同伴或者教师进行多角度的交流。

（三）基于慕课的翻转课堂教学模式的实施条件

每种教学模式的实施都要受制于各种条件因素，影响基于慕课的翻转课堂教学模式实施的主要条件包括学生的学习观、教师的教育观、教师和学生的信息素养、教师展开良好教学设计的能力、学生自主学习的能力、软件以及硬件的配备等。

在学生方面，首先，实施基于慕课的翻转课堂教学模式之前，应该了解学生的学习观，调查他们是否能够接受这种新型的教学模式，并且愿意在新型的教学模式下展开一系列的学习。其次，要了解学生的信息素养现状，看其是否掌握基础的计算机操作能力。再次，要了解学生是否具备实施基于慕课的翻转课堂教学模式的硬件支持（因为基于慕课的翻转课堂教学模式的课前学习环节需要学生自己在慕课平台上进行，所以必须具备电脑或者手机等硬件）。最后，要了解学生是否具备操作一些通信软件和操作系统的能力，以便在课前和课后环节与教师和同伴进行交流。

在施教者方面，教师应具备良好的信息素养，并且要具备勇于探究新事物的能力，愿意成为学生的助教员，还应具备在新型教学模式的指导下，展开良好教学设计的能力。

（四）基于慕课的翻转课堂教学模式的操作步骤

基于慕课的翻转课堂教学模式的操作步骤为三步，第一步是课前准备，

第二步是课堂教学,第三步是课后指导。

1. 课前准备

在基于慕课的翻转课堂教学的前期准备中,教师要对翻转课堂教学的课程进行精心设计,对学习内容、学生以及教学环境等进行分析,从知识与技能、过程与方法、情感态度与价值观三方面对课堂教学目标进行确定。然后,根据学生课前反馈的问题,进行课堂内容教学设计,利用慕课平台使课堂变成一个轻松自由的学习场所。

学生在课前进行自主学习,这是基于慕课的翻转课堂教学能够顺利进行的必要前提。对刚接触这种新型教学模式的学生来说多少有些困难,因此学生必须根据慕课平台上提供的各类教学资源,积极主动、认认真真地进行课前学习,做完测试题并反馈所遇到的问题。

2. 课堂教学

在基于慕课的翻转课堂教学模式的课堂教学环节中,主要教学流程是教师根据课前学生在慕课平台上的反馈创设情境,确定问题,设计出一些有探究意义的问题。学生根据个人的兴趣爱好选择相应的题目。教师把选择同一个问题的学生组合在一起,形成一个小组。通常来讲,小组内应有六人左右。随后,小组内部人员进行分工,各成员先对这个问题进行独立学习,然后再进行小组协作学习。在学生完成独立探究、小组合作学习之后,问题大体上得到了解决。接下来,学生需要在课堂上与其他同学进行成果交流,分享自己创作作品的过程,同时把自己创作的作品上传到学习平台,让教师和同学在课堂上进行互相讨论与评价。

3. 课后指导

在基于慕课的翻转课堂教学模式的课后指导环节中,学生可以在慕课平台上与同伴进行互助指导，也可能会得到慕课平台上的答疑人员的帮助指导，还可以通过 QQ 群组向授课教师及答疑组进行求助。学生在这种新型的教学模式中可以获得实时、多样化的指导帮助，大大增强了学生完成课外作业的动力。

五、基于慕课的"计算机网络"课程翻转课堂的教学设计

"计算机网络"也是计算机基础的一门基础课程，对计算机专业的学生来说，"计算机网络"是一门必修课。下面以该课程教学为例，介绍基于慕课的"计算机网络"课程翻转课堂的教学设计。在前期的准备过程中通过问卷对授课班级学生的基本学习情况进行了调查，调查内容包括学生喜欢的学习方式、学习态度、对翻转课堂和慕课的了解程度及接受程度等。

（一）"计算机网络"课程分析

1. "计算机网络"课程定位

计算机网络是计算机发展和通信技术紧密结合并不断发展的一门学科，"计算机网络"课程是计算机科学与技术专业、物联网工程、软件工程专业的核心课程之一，也是电子信息工程、自动化、通信工程、信息与计算科学等专业的专业限选课或任选课之一。该课程是计算机科学技术领域和专业人才培养的基础，在本学科的发展和课程体系建设中处于较重要的地位，它是后续课程"服务器管理与维护""路由及交换技术""防火墙与 VPN 技术""基于企业的网络设计技术及应用""网络设计及施工技术"等理论课程，"计算机网络课程设计"等实践教学环节的先行课。

近年来，计算机网络技术已经成为助力社会进步的关键技术。因此，许多高校不再只是为计算机科学与技术相关专业设置该门课程，它已经逐

步成为许多高校开设的必修课程。

2. 基于慕课的"计算机网络"课程的特点

我们选取了中国大学慕课作为翻转课堂的支撑平台,分析了中国大学慕课平台上的"计算机网络"课程的特点,主要包括以下几方面:

(1)课程介绍区。在中国大学慕课上搜索"计算机网络",平台上会出现多种"计算机网络"课程的选择,本研究选取了具有代表性的哈尔滨工业大学李全龙和聂兰顺教授开设的"计算机网络"课程,作为实施基于慕课的翻转课堂教学模式的课前应用课程。中国大学慕课平台"计算机网络"课程的课程介绍区包含了课程概述、课程大纲、预备知识、参考资料四个主要模块。

(2)公告区。中国大学慕课平台上开设的"计算机网络"课程为了方便通知学生相关事宜,特别设有公告区,在此区域授课教师可以发布一些有关课程的动态信息,还有学习提示、即将到期的作业提醒和课件更新的消息等内容。

(3)课件区。中国大学慕课平台上的"计算机网络"课程的课件区中,每节课都设有视频、文档、讨论,给学生课前学习创造了极其便利的条件。

(4)测验与作业区。中国大学慕课平台上的"计算机网络"课程还设有测验与作业区,测验与作业区内测试题类型很多。测试题是教师根据知识点及视频内容精心设计的,每一道测试题要紧扣知识点,每个主题设置的测试题数量要有限制,难易适中,既能使学生掌握一定相关的知识,又不能额外增加学生的负担。学生能够通过测试题对自己在课前的自主学习情况进行检测,为课堂中的讨论做好准备工作。但是,学生在自主完成测验与作业的时候完成率是否较高,就要结合学生在课堂上的表现来反映了，这也正是慕课和翻转课堂相结合的关键意义所在。

（5）讨论区。中国大学慕课平台上的"计算机网络"课程的讨论区分别设置了教师答疑区、课堂交流区和综合讨论区。该区域是学生和学生之间以及教师和学生之间进行交流和互动的一个场所。学生对教师提出的主题进行充分的讨论和交流，从而对自己的优点与不足有了更好的认识，能够更加深入地掌握知识。

中国大学慕课平台上的"计算机网络"课程还设置了评分标准和考试区，但由于目前平台的线上考试监管制度还不够完善，所以学生在平台上考试的成绩还欠缺一定的权威性，并且"计算机网络"课程还有一定的实验课程，学生无法真正完成动手实践，所以在培养学生的动手实践能力上，中国大学慕课平台也是有一定的缺陷的。

3.翻转课堂教学模式下"计算机网络"课程的特点

翻转课堂教学模式下的"计算机网络"课程的主要特点包括翻转课堂使学生真正做到个性化地学习"计算机网络"课程知识；翻转课堂体现了学习中的互动，但也存在不足，如学生课前自主学习"计算机网络"课程专业基础知识，具有学习资料选择的盲目性和学习进度缺乏规划的特点；课中环节中由于部分学生没在课前较好地完成自主学习，所以课上进行问题讨论和小组协作时无法高效完成知识的内化。而慕课平台上设置的课程提醒和学习建议功能，恰好可以弥补翻转课堂的不足，因此将慕课平台和翻转课堂相结合的教学模式适合应用到高校"计算机网络"课程的教学中。

（二）基于慕课的"计算机网络"课程翻转课堂教学环境设计

教学活动中，教学环境是必不可少的条件，下面从硬件、软件两方面对基于慕课的"计算机网络"课程翻转课堂教学模式中的教学环境进行概述。

硬件方面的教学环境主要有配有多媒体的计算机教室，安装扩音设备和大屏投影仪；每位学生配置一台完成实践操作的计算机；便于教师与学生之间以及学生与学生之间进行交流的网络环境。这些硬件设备都能为基于慕课的"计算机网络"课程翻转课堂教学模式的实施提供基础保障。

软件方面的教学环境有 Windows 操作系统、Authorware 和 Flash 等多媒体软件、通信社交软件、办公软件、电子教材和教案、网络课程、习题库等学习资源以及慕课学习平台的 IP 地址，这些软件能为教学的开展提供便利。

（三）基于慕课的"计算机网络"课堂翻转课堂教学总体目标设计

基于慕课的"计算机网络"翻转课堂教学总体目标是使学生在了解计算机网络的基本概念，相关的通信技术原理、网络协议等理论知识的基础上，能够熟练掌握计算机网络相关操作技能，如局域网的设计与组建、VLAN 的划分与配置、交换机和路由器的基本操作、网络软件的使用及网站的开发等，以学生实践动手能力的培养为主，为学生就业打下坚实基础，并且要在新模式下，通过"计算机网络"课程的学习，提升学生的自主学习能力、协作学习能力、表达能力和实践动手能力。以下是基于慕课的"计算机网路"课程翻转课堂第一章"计算机网络概述"的教学目标设计，其中包括课前教学目标、课中教学目标和课后教学目标三部分。

1. 课前教学目标设计

课前通过慕课平台的教学，使学生了解因特网的发展、因特网的标准化工作、因特网的组成、计算机网络的类别、计算机网络性能和网络体系结构,在这一过程中锻炼学生的自主学习能力。

2. 课中教学目标设计

通过课中环节,使学生能运用所学知识联系实际问题,针对因特网的组成、计算机网络性能和网络体系结构,解释电路交换、分组交换和报文交换的区别,并能计算计算机网络性能的时延和网络利用率等指标。解释"协议栈""实体""对等层""客户""服务器"等名词,解释网络体系结构为什么要采用分层次的结构,为什么设置协议,客户/服务器方式(C/S方式)和对等方式(P2P方式)的主要区别。在这一过程中主要培养学生的协作学习能力、表达能力和实践动手能力。

3. 课后教学目标设计

学生通过慕课平台讨论区或群组与教师或同伴进行交流,巩固因特网的发展、因特网的标准化工作、因特网的组成、计算机网络的类别、计算机网络性能和网络体系结构的相关知识内容,懂得在计算机网络实际应用中,如何提高网络的利用率,如何衡量计算机网络的性能,如何更好地理解计算机网络的复杂体系结构,为什么使用分层和协议等,可以提高其应用计算机网络知识分析和解决实际网络问题的能力,也有助于培养学生分析实际网络问题的自主性和独立性。

(四)基于慕课的"计算机网络"课程翻转课堂总体教学内容设计

基于慕课的"计算机网络"课程翻转课堂总体教学内容包括计算机网络的发展和原理体系结构、物理层、数据链路层(包括局域网)、网络层、运输层、应用层、网络安全、因特网上的音频/视频服务、无线网络和移动网络以及下一代因特网等内容。基于慕课的"计算机网络"课程翻转课堂总体教学内容设计，包括课前教学内容、课中教学内容和课后教学内容三部分。以下是对第一章"计算机网络概述"教学内容的设计介绍。

1. 课前教学内容设计

这一阶段的教学是在中国大学慕课平台上进行的，教学内容设置了五个知识点：①因特网概述，重点和难点内容是互联网的基本概念。②因特网的核心部分，重点和难点内容是 C/S 方式和 P2P 方式。③因特网的核心部分，重点和难点内容是电路交换和分组交换。④计算机网络的类别，重点和难点内容是 WAN、MAN、LAN、PAN。⑤计算机网络的性能，重点和难点内容是速率、带宽、吞吐量、发送时延、传播时延、往返时间和利用率等。

2. 课中教学内容设计

课中教学主要以讨论和答疑为主，所以在教学内容设置方面是以设置问题为主。主要设置了什么是网络、什么是互联网、因特网如何发展、有哪些因特网标准化组织、因特网标准化要经历哪些阶段、因特网由几部分组成、各部分是如何工作的、如何实现分组交换、电路交换的特点是什么、为什么要使用分组交换、如何提高网络的利用率、如何衡量计算机网络的性能等问题开展小组讨论和总结。

3. 课后教学内容设计

课后教学内容的设计是对课前和课中的学习进行巩固和总结，并且将总结的内容通过 QQ 学习群组分享给同学和教师。

六、基于慕课的"计算机网络"课程翻转课堂教学模式的应用

(一)基于慕课的"计算机网络"课程翻转课堂的应用

1. 课前应用

(1)课前观看教学视频。基于慕课"计算机网络"课程翻转课堂教学模式中,学生在课前通过教师在中国高校慕课平台上提供的教学视频进行自主学习。平台上的教学视频可以是教师亲自录制的,也可以是平台上开放的优质教学资源。教师可以把与教学内容相吻合的视频资源作为课程的教学内容,使优质教学资源的利用率得到提高。教师也可以根据具体的教学目标、学生的特点,结合自己的教学经验,自行录制教学视频。教师在制作教学视频时要考虑视觉效果、突出重难点等问题,同时要特别注意视频的时长,20分钟左右为最佳。视频中要加入解说内容,并且视频支持暂停、快进和回放功能,而学生可以根据自己的需求进行点播,同时在观看视频遇到困难时可以随时点击向教师提问的按钮进行询问。

(2)课前练习。学生不仅要对慕课上面的视频进行学习,为了加深对知识的理解程度还要做完课前练习,这一部分是由教师设计并提前放置在慕课平台上的。对于课前练习的难易程度及数量,教师要合理设计。学生在课前除了自主学习,还可以通过慕课平台的讨论区、聊天室等与同学、教师交流,把自己在课前自主学习中遇到的困难或者疑惑分享给大家。

(3)总结反馈。学生观看教学视频和做完课前练习之后,要完成教师课前布置的反馈任务,总结出课前学习阶段遇到的问题,在课中环节开始之前反馈给授课教师,以便教师根据学生的反馈设计课堂教学活动。

2. 课堂应用

教师要根据学生在中国高校慕课平台上进行自主学习时提交的反馈信息，精心设计课堂学习活动，使每位学生都能获得不一样的收获。

（1）创设情境和确定问题。在这一环节，教师以学生课前在中国高校慕课平台上观看的教学视频和课前练习时反馈的问题为依据，做好教学活动设计。

（2）分析问题和自主探究。每个人都是社会中独立的个体，不同的人具有不同的基本能力，在设计基于慕课的"计算机网络"课程翻转课堂活动时，教师要注重培养学生自主学习的能力。教师要让学生先自己独立摸索，让他们在自主学习中提升自主学习能力。以第一章"计算机网络概述"为例，学生要分析和自主探究的问题就是什么是计算机网络以及计算机网络是如何工作的。

（3）小组协作和师生共探。协作学习的方式对培养学生的批判性思维与创新性思维起着重要作用，同时对学生交流能力的增强具有一定的影响。所以，在基于慕课的"计算机网络"课程翻转课堂中教师要引导小组协作、交互学习，做到人人参与，积极发言，不断同伙伴探讨，最终得出合理的方案。当然，教师还要随时观察每位学生的表现与反应，对于有困难的学生要适时给予指导，使课堂活动顺利进行。学生依据自己的兴趣选择相应的题目。教师把选择同一问题的学生结成一个小组，每个小组有六人左右，让小组内部人员自主进行分工。各个小组的成员先对问题进行独立解答，最后小组协作探究。基于慕课的"计算机网络"课程翻转课堂教学模式，教师扮演的是助教者，要引导和帮助学生制定个性化的学习方案，让他们运用学习工具完成自主学习以及协作学习。

（4）解决问题和成果交流。学生经过独立探索、小组协作学习之后，使问题得到了解决。学生需要在课堂上与其他同学进行成果交流，分享自己创作作品的过程，课后，学生把自己创作的作品上传到学习平台上，让教师和同学在课中和课后互相讨论与评价。在此过程中教师和助教人员要记录下学生在课堂上的学习行为，如小组讨论、提问、协作学习等，以便对其进行考核和评价。

（5）师生小结和反馈评价。基于慕课的"计算机网络"课程翻转课堂课中环节的最后一项是师生小结和反馈评价。首先，由小组内的成员选出代表进行学习总结。其次，教师对学生的总结进行反馈评价，同学之间进行反馈评价。最后，教师要给出对学生进行定性和定量的分析结果，对于出现的各种问题，教师要在下一轮的活动设计中进行修正。例如，第一章"计算机网络概述"的知识点——因特网概述，如果学生在学习总结时能够归纳出什么是网络、什么是互联网、因特网如何发展、有哪些因特网标准化组织、因特网标准化要经历哪些阶段这五点就会得到满分，但是如果只能够归纳一部分要点就会被扣除相应的分数。

3. 课后应用

学生要在课后继续巩固知识，做拓展练习，扩大知识面。慕课平台上的讨论区设置了教师答疑区，学生可以通过该功能与教师进行答疑互动。对于个别有困难的学生和有事未能按时上课的学生可利用教师课前和课后提供的学习资源进行补救学习。

（二）基于慕课的"计算机网络"课程翻转课堂教学效果分析

1. 学生自主学习能力分析

基于慕课的"计算机网络"课程翻转课堂教学模式中，学生自主学习能力是根据学生前馈完成情况来分析的。学生前馈是学生完成课前环节之后，进入课中环节之前提交给教师的学习情况反馈。学生前馈有利于教师了解学生在课前环节掌握知识的程度，对展开课中环节的知识内化起到决定性作用。

在每节"计算机网络"课开始之前，教师都会利用 QQ 给学生发送前馈问题，并且要求学生在课堂教学环节开始之前提交前馈。前馈中包括教师为学生自主学习阶段设置的问题。通过分析得出，学生基本上都能够在规定的时间内完成前馈，并且完成的效度也很高，都是经过个人的思考回答的，不是简单的敷衍了事。学生积极配合完成前馈之后，有利于后续教学步骤的进行。

2. 学生协作学习能力分析

基于慕课的"计算机网络"课程翻转课堂教学模式中，学生协作学习能力分析主要包括三部分，分别是课前协作学习能力分析、课中协作学习能力分析和课后协作学习能力分析。课前环节和课后环节，学生可在中国高校慕课平台上进行，遇到困难时可以向教师寻求帮助，同样可以与同学进行交流，共同解决问题。课中环节，学生主要做的是积极主动地探讨问题、进行小组研究等。通过"计算机网络"课程的课上行为记录分析可知，学生在新的教学模式下，课堂氛围变得更加活跃，并且学生更愿意融入探讨问题的活动，自主思考和小组协作的能力都得到了提升。

3. 学生表达能力分析

基于慕课的"计算机网络"课程翻转课堂教学模式中，学生表达能力的分析主要包括三部分，分别是课前表达能力分析、课中表达能力分析和课后表达能力分析。在课前和课后两个环节中，学生都是以文字的形式与教师和同学在慕课平台上或者QQ学习群组中进行交流的，所以学生上交的前馈和提问都可以作为学生表达能力分析的内容。由于学生完成前馈的情况非常乐观，并且能够积极地进行提问，可以判断学生在课前和课后两个环节中表达能力是有所提升的。

课中环节，学生的表达能力主要体现在语言方面。学生要在课堂上与教师和同学进行语言交流、问题探讨、提问等学习活动。根据学生在课中环节中的表现可认为其课中表达能力有所提升。

4. 学生实践动手能力分析

基于慕课的"计算机网络"课程翻转课堂教学模式中，学生的实践动手能力分析主要包括两方面，分别是课中环节的实践动手能力分析和课后环节的实践动手能力分析。这两个环节设有实验任务，而实验是检验学生实践动手能力的关键。根据学生对局域网的设计与组建、VLAN的划分与配置、交换机和路由器的基本操作、网络软件的使用及网站的开发等实践表现，可判定其实践能力都有显著的提升。

（三）基于慕课的"计算机网络"课程翻转课堂教学模式的应用总结

通过基于慕课的"计算机网络"课程翻转课堂教学模式的应用和教学效果分析得出结论，在课前和课后环节学生可以通过慕课平台进行自主学习，这种方式避免了学生选取学习资料的盲目性，并且可以有效地提高学生的自主学习能力和学习兴趣，为学生和教师提供了更多交流和实践动手的机会，可以有效提升学生的协作学习能力、表达能力和实践动手能力。

为使优质的教育资源得到最大化的传播，培养出更适应社会的高素质人才，将基于慕课的翻转课堂教学模式在高等教育中加以运用具有一定的实用价值。虽然对基于慕课的翻转课堂教学模式开展了一定的教学实践应用，但由于时间和精力有限，未能将实践的深度和广度进行提升，只关注了高校"计算机网络"这门课程，因此在今后的研究中还要将该教学模式在更多的学科领域、研究对象中加以应用，笔者期望通过实践完善基于慕课的翻转课堂教学模式，构建出具备更高适应度的教学模式。

参考文献

[1] 赵文海, 邹成成, 赵祥敏. 计算机应用专业实训环节项目化教学初探 [J]. 黑龙江科技信息, 2012（5）: 242.

[2] 许水龙. 多媒体辅助教学在政治教学中的实践与思考 [J]. 集美大学学报, 2012（14）: 80-83.

[3] 陈步英. 浅谈高职计算机专业理论与专业技能双向同步教学 [J]. 电脑知识与技术, 2012（3）: 622-623.

[4] 贵颖祺. 工学结合在高职计算机专业教学改革中的研究 [J]. 办公自动化, 2010（6）: 55-56.

[5] 周艳艳. 高职计算机教学改革的重点及实施路径分析 [J]. 中国管理信息化, 2016（17）: 240-241.

[6] 乌兰图亚. 以就业为指导的高职计算机教学改革漫谈 [J]. 亚太教育, 2016（23）: 59.

[7] 王菲. 高职计算机应用技术专业教学改革探索与实践 [J]. 中国校外教育, 2012（24）: 137-138.

[8] 何祥华. 探析以就业为导向的高职计算机应用技术专业教学改革与创新对策 [J]. 科技经济市场, 2015（5）: 230-231.

[9] 许葵元. 高校计算机教学创新研究 [J]. 天津中德职业技术学院学报, 2015, 20（2）: 36-38.

[10] 郝兴伟, 徐延宝, 王宪华. 我国高校计算机教学情况调研与分析 [J].

中国大学教学，2014，5（6）：81-86.

[11] 何东怡，陈静．运用多媒体技术优化政治课教学的实践与思考[J]．电脑知识与技术，2011（4）：8550-8551.

[12] 宋菲菲．信息化背景下探讨高校计算机教育教学改革的方向和路径[J]．通信世界．2016，21（20）：226-227.

[13] 郑显安．高校计算机专业课程教学改革[J]．教书育人（高教论坛），2015，22（18）：80-81.

[14] 王晓燕．对高校计算机基础课程教学改革的探讨[J]．才智,2018(6)：8.

[15] 张翠萍．多媒体技术在高职计算机教学中的问题及其对策分析[J]．电脑知识与技术，2014，40（32）：7744-7745，7750.